Google監修

ハンズオンで分かりやすく学べる

Google Cloud 実践活用術

AI・機械学習 編

日経クロステック、大澤文孝 著

日経BP

はじめに

　何もインストールされていない素の仮想コンピューターや仮想ネットワークの上に自分で構築するといったクラウドの使い方は時代遅れになってきました。用意されているさまざまなサービスをいかに組み合わせて、短期間で目的のシステムを構築できるのかが重要視されています。

　Google Cloud（旧名称Google Cloud Platform＝GCP）にはさまざまなサービスがあり、これらを活用することで、開発・運用・保守の短縮化・低コスト化・安定化が可能です。

　本書は、2巻構成でGoogle Cloudの「AI・機械学習」「ビッグデータ」「コンテナ」の機能と使い方を解説します。本巻ではこの中で「AI・機械学習」に焦点を当てます。

　AI・機械学習は自分で一から作るのが困難な分野です。モデルを構築するのに専門知識が必要なだけでなく、数多くのデータを用意したり、それを学習させたりと、大変な労力がかかります。しかしGoogle CloudのAI・機械学習サービスを使えば、こうした複雑さを解決できます。すでに学習済みのモデルを使うことはもちろん、推論によって、データから最適なモデルを自動で作ることもできます。

　本巻では、Google Cloudが提供するさまざまなAI・機械学習のサービスを使うことで、ブラウザから操作したり、APIを呼び出したりするだけで、「音声認識」「将来予測」「顧客のグループ化」の3つの課題を実際に解決していく具体的な方法を示します。

　すべての課題はハンズオン形式。AI・機械学習というと学習のためのデータを用意するところが大きな壁になりますが、本巻では、Google Cloudでビッグデータとして提供されているサンプルデータを利用することで、実際に試せる構成としました。

　実際にやってみると、複雑なAI・機械学習が、ほとんどコードを書くことなく実現できることに、きっと驚かれるでしょう。

　必要なのは、Google Cloudアカウントを作成することだけ。90日間無料で試せます。

　是非、皆さん体験して、Google Cloudの手軽さを味わってください。

　なお、本書は日経クロステックに連載されたグーグルの技術者による記事を基に、最新のサービスに合わせてハンズオンを構成しています。「AI・機械学習編」のオリジナルの執筆陣はグーグル・クラウド・ジャパンの脇坂洋平氏、葛木美紀氏、吉川隼人氏でした。

筆者代表　大澤 文孝

2021年4月

▎目次

Chapter
1

第1章
Google Cloud の基本

Google Cloudは、Googleが提供するクラウドサービスです。この章では、Google Cloudの概要や特徴、そして、本書を読み進めるに当たって必要となるGoogle Cloudアカウントの作り方や基本操作について説明します。

1.1 Google Cloudの利点

Google Cloudとは、Googleが提供するクラウドサービスの総称です。仮想コンピュータやストレージ、ネットワークなど、さまざまなサービスをクラウド上に自在に構築して、時間や容量単位での「使っただけの支払い」で利用できます。

Google Cloudを利用するのに必要なのは、ChromeなどのWebブラウザだけです。仮想コンピュータの作成や起動、Google Cloud上での仮想的なネットワークの構築などは、すべて、ブラウザから行えます（**図1-1**）。

> [メモ]　Google Cloudは、操作するためのAPIを公開しているため、ブラウザ以外に、純正のコマンドラインツール（gcloudコマンド）、サードパーティ製の各種ツールなどを使っても操作できます。

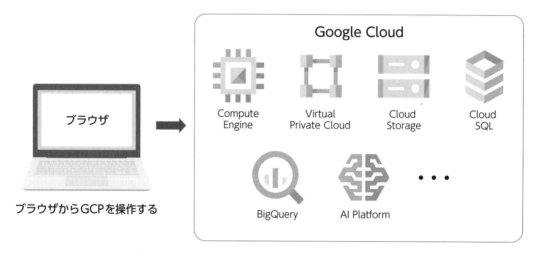

図1-1　Google Cloudはすべてブラウザから操作できる

1.1.1　アンマネージドサービスとマネージドサービス

Google Cloudには、「仮想サーバー」や「ディスク」、「ネットワーク」など、いわゆるインフラ環境で用いる素のサービスと、「ストレージ」「データベース」「ビッグデータの分析」「機械学習」「ゲームサーバー」など、あらかじめ初期設定や構成が済んだものを貸し出すサービスとがあります。

前者を「アンマネージドサービス」、後者を「マネージドサービス」と言います。マネージド（managed）とは、「管理されている」という意味で、Google Cloudによって運用・管理されているもののことです（**図1-2**）。

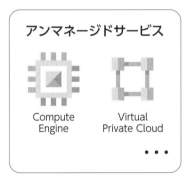

アンマネージドサービス

Compute
Engine

Virtual
Private Cloud

・・・

自分で管理・運用する。
構成、設定ソフトウェアの
インストールなどが事前必要

マネージドサービス

Cloud
Storage

Cloud
SQL

BigQuery

AI Platform

・・・

Google Cloudが管理・運用する。
利用できる権限を設定するなどすれば、すぐに利用できる

図1-2　アンマネージドサービスとマネージドサービス

▍ブラウザ操作やAPI呼び出しですぐに使える

アンマネージドサービスの場合、Google Cloudが用意するのはインフラとなる機器だけなので、それらを構成（仮想的に接続）したり、ソフトウエアをインストールしたりするのはユーザーの仕事です。対してマネージドサービスの場合は、必要な機能のインストールが終わった状態で、すぐに使えます。

マネージドサービスのほとんどは、Webブラウザからの操作やAPIからの呼び出しに対応しています。例えば、「ブラウザからストレージに対してファイルのアップロードやダウンロードをする」

「翻訳したいテキストをAPIで送信すると、結果が戻ってくる」などです。

　こうしたマネージドサービスを使うと、本来なら、自分でセットアップしたりバージョンアップしたりしなければならないところを、Google Cloudに任せられるのです。

1.1.2　マネージドサービスの活用

　Google Cloudを利用するとき、可能な限り運用・管理を任せられるマネージドサービスを活用するのが理想です。そうすれば、高度な機能を少しの開発で実現できるからです。

　本書では、こうしたマネージドサービスを使って、さまざまな開発をしていく手法を解説します。

▌機械学習

　機械学習を使うには、目的の予測結果が出るような「機械学習モデル」を作る必要があります。そしてモデルを作ったあとは、物事を覚え込ませる「学習」という作業が必要です。例えば、画像から「車」や「ネコ」などの物体検出をしたい場合、物体検出できる機械学習モデルを作ったうえで、そのモデルに対して、あらかじめ、「車」や「ネコ」の大量の写真を学習させておかなければなりません。

　Google Cloudの機械学習サービスでは、「すでに学習済みのモデル」が多数、提供されています。そのためユーザーが学習という操作をしなくても、分析したい画像データを送るだけで、結果がすぐにわかります。

　画像ならともかく、「翻訳」や「音声認識」といった、もっと多くの学習が必要となる場合、自力で作るのは相当難しいのが実情です。しかしGoogle Cloudなら、「翻訳のAPI」「音声認識のAPI」が、マネージドサービスとして提供されているため、それらを呼び出すだけで、手軽に機械学習を活用できます。

　もちろん、ときにはカスタムな学習をしなければならないこともあります。その場合でもクラウドなので、学習に必要な計算リソースを必要に応じて増減できます。短時間で学習させたいなら、

（お金はかかりますが）高性能なコンピュータをたくさん使って解決することもできるのです。

▌ビッグデータ

　例えばビッグデータを扱う場合、巨大なストレージを用意し、分析基盤を自ら用意するのは大変です。しかしGoogle Cloudなら、BigQueryというマネージドサービスを使うことで、簡単にビッグデータを操作できます。

　データのバックアップやストレージが不足したときの増強などについて考える必要はありません。これらはGoogle Cloudが自動でスケールしてくれます。

▌コンテナ運用

　また負荷分散のために、複数台のサーバーを運用するような場合、サーバー1台1台を管理するのはたいへんです。そこで近年は、コンテナ化してKubernetesのようなオーケストレーションツールで運用するのが主流です。

　しかしKubernetes自体を管理するのがなかなか大変です。Google Cloudなら、Kubernetesをマネージドサービスとして提供してくれるGKE（Google Kubernetes Engine）というマネージドサービスがあり、それを使うことで運用・管理の手間を省き、かつ、安定した運用ができます。

1.2 Google Cloudの考え方

本書を読み進めるにあたって必要となる、Google Cloudに関する最低限の知識・考え方を、ここで説明します。

1.2.1 リソースとサービス

Google Cloud上には、数多くのコンピュータやディスク、そして、仮想化技術を用いた仮想コンピュータや仮想ネットワークなど、さまざまな各種リソースが存在し、データセンター上で運用されています。

こうした基本的なリソースを利用するソフトウエアを組み合わせ、「仮想マシン」「仮想ストレージ」「データベース」「ビッグデータ」「機械学習」など、特定の機能として利用できるようにしたものが「サービス」です。

Google Cloudプロダクトのページを見るとわかるように、Google Cloudには、さまざまなサービスが提供されています。開発者は、これらのサービスを組み合わせることで、自身で一つずつソフトウエアをインストールして構成して運用することなく、高度なシステムを実装できます（図1-3）。

【Google Cloudプロダクト】
https://cloud.google.com/products

図1-3　Google Cloudプロダクト

1.2.2　組み合わせて使われる基本的なサービス

　Google Cloudには、システムを構築する際、よく使われる基本的なサービスが、いくつかあります。細かい部分はさておき、Google Cloudを始めるに当たっては、それぞれの意味や役割、そして、略語を知っておくと役立ちます。

1. Google Compute Engine（GCE）

　仮想マシンです。LinuxやWindows ServerなどのOSをインストールし、さまざまなソフトウエアを稼働させるのに使います。「1.6　Cloud Shell」で説明するCloud Shellの機能は、この仮想マシンの一種です。

2. Google Virtual Private Cloud（VPC）

　仮想ネットワークです。GCEなどのリソースを接続するネットワークです。

3. Google Cloud Storage（GCS）

　汎用ストレージです。各種サービスのデータを保存するときに使います。たとえば、各種ログの出力先、機械学習の学習データの置き場、BigQueryとやりとりするデータの置き場などとして、

よく使われます。

4. BigQuery

　ビッグデータを保存したり分析したりするサービスです。いくつかのデモ用のデータも登録されていて、例えば機械学習で、デモ用のデータを読み込んで処理させたいときなどにも使います。

1.2.3　プロジェクトとサービスとの関係

　Google Cloudでは、使いたいサービスをブラウザから作成したり起動したりして操作するのですが、その際、前もって、「プロジェクト」と呼ばれる開発単位を作成しておく必要があります。これは「WebシステムA」「経理システムX」などといった開発の括りのことで、セキュリティや課金の設定単位でもあります。

　すべてのサービスは、必ずいずれかの一つのプロジェクトに属します。プロジェクトを削除したときは、そのプロジェクトに属しているサービスも同時に削除されます（**図1-4**）。

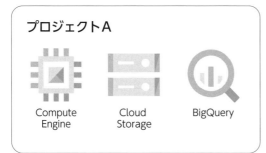

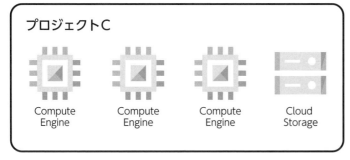

プロジェクトを削除すると、そこに含まれるサービスも削除される。アクセス権限や課金は、プロジェクト単位で設定する

図1-4　プロジェクトとサービスとの関係

1.2.4　リージョンとゾーン

　サービスを動かすためのリソースは、Google Cloudのデータセンター上で稼働しています。Google Cloudのデータセンターは、アジア、オーストラリア、ヨーロッパ、北米、南米など全世界にあり、それぞれを「リージョン」と言います。

　リージョンは、さらに「ゾーン」と呼ばれる単位に分けられます。ゾーンは障害や災害を考慮した単位で、冗長化を検討するときに必要となる概念です。例えば「ゾーンa」に障害が発生すると、そのゾーンaに存在するリソースは一時的に使えなくなるかも知れませんが、「ゾーンb」や「ゾーンc」は、その影響を受けません。

　リソースは、その種類によって、「リージョン全体に渡るもの」「特定のリージョンだけのもの」「特定のゾーンだけのもの」の3種類に分けられ、それぞれ「グローバルリソース」「リージョンリソー

ス」「ゾーンリソース」と呼びます（**図1-5**）。

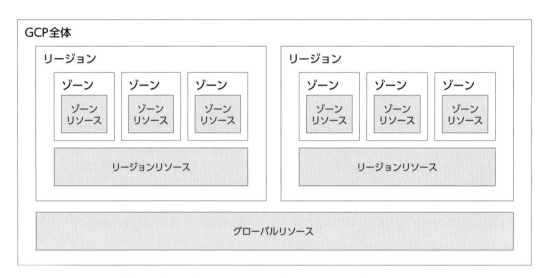

図1-5　グローバルリソース、リージョンリソース、ゾーンリソース

　リージョンリソースやゾーンリソースを作るときは、「どのリージョン」や「どのゾーン」に作るのかを検討する必要があります。リージョンは、距離が遠いほど遅延（レイテンシ）が大きくなるので、たとえば日本で利用するのであれば、日本のリージョンを使うなど、距離が近いところを選択するのが基本です。

　しかし使い方によっては、特定のリージョンに置かなければならないことがあります。それはリージョン間のデータの通信ができなかったり料金がかかったりすることがあるためです。例えばビッグデータの操作でGoogleが提供するサンプルデータを使う際には、そのデータが特定のリージョンにあるため、該当のリージョンでなければ利用できないなどの制限があります。

1.3　Google Cloudを使うには

　Google Cloudを使うには、ユーザー登録してGoogle Cloudアカウントを取得します。Google Cloudは、使った時間・容量単位の従量課金サービスですが、加入すると90日間有効な300ドル分の使用権が付いてくるため、その範囲内であれば、実質、費用はかかりません。

1.3.1　事前準備

Google Cloudアカウントを作成するには、以下の準備が必要です。

1. Googleアカウント

　Google Cloudアカウントは、Googleアカウントに結び付けます。もしGoogleアカウントを持っていないのであれば、あらかじめGoogleアカウントを作成しておいてください。

【Googleアカウントの作成】

https://www.google.com/intl/ja/account/about/

---

2. クレジットカード

　アカウント作成の流れにおいて、本人確認のため、クレジットカードの認証が使われます。

　入会時の本人確認のみに使われるもので、このクレジットカードに対して、いきなり課金されることはありません。Google Cloudアカウントの作成後、明示的に「有料アカウントにアップグレード」という操作をしない限りは課金されないので、安心してください。

1.3.2 90日間300ドル分無料トライアルの登録

次の手順でGoogle Cloudアカウントを取得し、90日間300ドル分無料トライアルに登録します。

手順 90日間300ドル分無料トライアルの登録

[1] 管理コンソールにアクセスする

下記のURLから、管理コンソールにアクセスします。

【Google Cloud管理コンソール】

https://console.cloud.google.com/

---

[2] Googleアカウントでログインする

Googleアカウント認証の画面が表示されます。Google Cloudユーザーとして利用設定するGoogleアカウントでログインしてください（**図1-6**）。

図1-6　Googleアカウントでログインする

[3] 利用許諾への同意

　管理コンソール画面に遷移し、利用許諾が表示されます。規約を確認してチェックし、[同意して続行] をクリックしてください (**図1-7**)。

図1-7　利用規約に同意する

[4] 無料トライアルに登録

　この状態では課金情報が設定されていないので、課金を必要とするGoogle Cloudリソース (ほぼすべてのリソースです) を作成できません。そこで無料トライアルに登録し、課金情報を結び付けます。

　画面の上に表示されている [無料トライアルを試してみませんか。] のバーの右側の [有効化] をクリックします (もしくは画面中央の [無料トライアルに登録] ボタンをクリックします) (**図1-8**)。

図1-8 無料トライアルに登録する

Column

間違えて閉じてしまったときは

上部のバーを閉じてしまったときは、青いバーの [プロダクトとリソースの検索] の右にある
⊞ボタン (無料トライアルのステータス) をクリックすると、再表示されます (図1-9)。

図1-9 無料トライアルのステータスを確認する

[4] 利用規約に同意する

国を選択し、利用規約に同意して、［続行］をクリックします（**図1-10**）。

図1-10　利用規約に同意する

[5] 住所などの連絡先とクレジットカード番号を登録する

　住所などの連絡先とクレジットカード番号などを登録します。クレジットカード番号は、本人確認のためにのみ使われます。明示的に有料アカウントにアップグレードしない限り、このクレジットカードに対して課金されることはありません（**図1-11**）。

図1-11　住所などの連絡先とクレジットカード番号を登録する

[6] 無料トライアルの登録が完了した

無料トライアルの登録が完了しました。[OK] をクリックしてください (**図1-12**)。

図1-12　無料トライアルの完了

[7]My First Projectができる

My First Projectというプロジェクトができます (**図1-13**)。このプロジェクトの請求先は、「無料トライアルのクレジット」に設定され、その範囲内で、無料で利用できます。

図1-13　新しいプロジェクトができた

Column

有料アカウントにアップグレードするには

　90日が経過する、もしくは300ドルを使い切ると、それ以上、有料のリソースを使えなくなります。その場合は、有料アカウントにアップグレードしてください。

　有料アカウントにアップグレードするには、[お支払い]メニューをクリックし、[無料トライアルのクレジット]の枠にある[アップグレード]リンクをクリックします(**図1-14**)。

図1-14　有料アカウントにアップグレードする

1.4　プロジェクトの作成

　作成された「My First Project」プロジェクトの下に、さまざまなリソースを作ることもできますが、本書ではそうせず、それぞれのハンズオンごとに、新しいプロジェクトを作成することにします。プロジェクトを削除すると、そこに含まれるリソースすべてが削除されるので、リソースの削除し忘れによって課金され続けてしまう状態を防げるからです。

　以下に、プロジェクトの作成方法を説明します。

　なお以下に示す手順は、この段階では実際に操作しなくてかまいません。本書のハンズオンにおいて、必要に応じてプロジェクトの作成操作を指示しているところがあります。その箇所が登場したら、この手順でプロジェクトの作成や削除をしてください。

1.4.1　プロジェクトを作成する

　プロジェクトを作成するには、次のようにします。

手順　プロジェクトを作成する

[1] プロジェクトの作成を始める
　左上に表示されているプロジェクト名（ここでは [My First Project]）をクリックします（**図 1-15**）。

図1-15　プロジェクト名をクリックする

[2] 新しいプロジェクトを作成する

［新しいプロジェクト］をクリックします（**図1-16**）。

図1-16　［新しいプロジェクト］をクリックする

[3] プロジェクト名を入力する

　プロジェクト名を入力して［作成］をクリックします（**図1-17**）。するとプロジェクトが作成されます。

　なおプロジェクト名を入力すると、その下に「プロジェクトID」が表示されます。これはプロジェクト名の後ろに全世界で重複しないように連番を付けた名前です（重複するものがなければ番号は付かず、プロジェクト名＝プロジェクトIDとなります）。［場所］は、組織で使うときのものです。個人アカウントで利用する場合は、［組織なし］にしておきます。

> ［メモ］　プロジェクト名には大文字を含めることもできますが、英小文字と数字だけで、間を「-」で区切る「ケバブケース」と呼ばれる命名法で付けるのが、多くの企業の慣例です。

> ［メモ］　プロジェクト名とプロジェクトIDが異なるのは、わかりにくさの原因となるので、可能なら、全世界で重複しない名称（そうすれば連番が付きません）をプロジェクトIDとして採用するのがよいでしょう。

図1-17　プロジェクト名を入力する

1.4.2　プロジェクトの切り替え

　プロジェクトが作成されても、自動的に切り替わりません。そのプロジェクトに切り替えるには、左上に表示されているプロジェクト名（ここでは［My First Project］）をクリックします。するとプロジェクト一覧が開くので、いま作成したプロジェクトに切り替えます（**図1-18**）。

図1-18　プロジェクトの切り替え

1.5　APIの有効化と認証情報

　本書では、こうして作成したプロジェクトに対して、さまざまなリソースを作成してGoogle Cloudを使っていくのですが、ハンズオンによっては、さらに、追加で設定しなければならない項目があります。それは「APIの有効化」と「認証情報」です。

1.5.1　APIの有効化

　サービスによっては、「特定のURLにリクエストを送信すると、その処理がされて結果が戻ってくる」というAPI形式で提供されるものがあります。API形式のサービスは、リクエストに対する課金となるため、プロジェクトにおいて、最初に「有効化」という操作をしないと利用できないように制限されています。

　APIの有効化を設定するには、[APIとサービス] から [ライブラリ] を選択します（**図1-19**）。するとAPIライブラリの検索画面になるので、このプロジェクトで利用したいものを検索します（**図1-20**）。そして有効化します（**図1-21**）。有効化のページでは、料金も表示されるので確認しておくとよいでしょう。

　実際に、どのようなAPIを有効化すべきかは、それぞれのハンズオンで説明します。

図1-19　ライブラリを開く

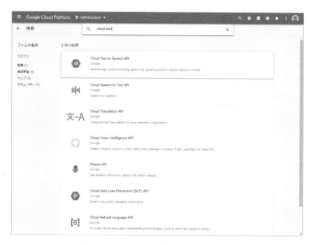

図1-20　APIライブラリを検索する

図1-21　APIライブラリを有効化する

30

1.5.2　認証情報

Google CloudのAPIを利用するには認証が必要です。認証には、「サービスアカウントを用いる方法」と「APIキーを用いる方法」の2通りがあります。

1. サービスアカウント

Google Cloudサービスにあらかじめ登録しておく、人間以外が用いるアカウントのことです。Google Cloud上のさまざまなアクセスを許可します。

2. APIキー

Googleアカウント（人間が使うアカウント）やサービスアカウント以外の方法で、APIに対してアクセスできるようにする暗号化された単純な文字列です。この文字列さえあれば誰でもアクセスできるので、匿名アクセスする際に、よく使われます。

サービスアカウントやAPIキーを作成するには、次のようにします。

手順　サービスアカウントやAPIキーを作成する

［1］認証情報を開く

［APIとサービス］ ― ［認証情報］をクリックして開きます（**図1-22**）。

図1-22　認証情報を開く

［2］認証情報を作成する

　［認証情報を作成］をクリックし、［APIキー］や［サービスアカウント］を選択します（**図1-23**）。この先の具体的な作成手順については、それぞれのハンズオンで説明します。

図1-23　認証情報を作成する

1.6　Cloud Shell

　Google Cloudには、ブラウザからコマンド操作できる「Cloud Shell」という機能があります。本書では、コマンドでGoogle Cloudを操作したり、簡単なプログラムを実行したりする場面で、このCloud Shellを使います。

1.6.1　Cloud Shellとは

　Cloud Shellは、Google Cloudをコマンド操作する「gcloudコマンド」や、オンラインのコードエディタなどがインストールされた小さなDebianベースのLinux環境です。通常のLinux環境と以下の点が異なります。

1. 1時間非アクティブな状態が続くとセッションが終了する

2. 永続化されるのは$HOME以下の5GBのディスクのみ。1.で終了しても、このパス以下に保存した内容だけは残る。逆に言うと、/usrなどのディスクは破棄されるので、ソフトウエアをインストールした場合、1.のセッションが終わるとなくなることがある

1.6.2　Cloud Shellを使うには

　Cloud Shellを使うには、次のようにします。

手順 Cloud Shellを使う

[1]Cloud Shellをアクティブにする

　上のツールバーから［Cloud Shellをアクティブにする］をクリックします（**図1-24**）。

図1-24　Cloud Shell をアクティブにする

[2] 続行する

Cloud Shellの説明が表示されます。［続行］をクリックします（**図1-25**）。

図1-25　続行する

[3]Cloud Shellが起動した

Cloud Shellが起動しました（初回は、VMを起動するためしばらく時間がかかることがあります）。ここにLinuxのコマンドを入力して、Google Cloudを操作できます（**図1-26**）。

Cloud Shellを終了するには、右上の［×］をクリックします。

図1-26　Cloud Shellが起動した

エディタ機能とファイルのアップロード／ダウンロード機能

　図1-26において［エディタを開く］をクリックすると、ブラウザ上でエディタが開き、ファイルを編集できます（**図1-27**）。Cloud Shellには、他にも、「ファイルのアップロードやダウンロード」「ポート8080などでブラウザから接続して確認する機能」があり、ターミナルのツールバーから操作できます。

図1-27　エディタを起動したところ

Cloud Shellの初期化

Cloud Shellを初期化したいときは、次のようにします（**図1-28**）。

1. ホームディレクトリを削除する

次のコマンドを入力して、HOMEディレクトリの内容を削除します。

```
sudo rm -rf $HOME
```

2. Cloud Shellを再起動する

Cloud Shellメニューから、[その他] メニューアイコンをクリックし、[Cloud Shellを再起動] を選択します。

図1-28　Cloud Shell を再起動する

1.7　プロジェクトの削除

　ハンズオンが終わったら、プロジェクトを削除しましょう。そうすることでプロジェクトに属するサービスも削除され、課金されなくなります。

手順　**プロジェクトを削除する**

[1] ダッシュボードを開く

　削除したいプロジェクトを選択した状態で、［ホーム］―［ダッシュボード］をクリックして開きます（**図1-29**）。

図1-29　ダッシュボードを開く

[2] プロジェクト設定に移動する

　左上の［プロジェクト情報］の部分から、［プロジェクト設定に移動］をクリックします（**図1-30**）。

図1-30　プロジェクト設定に移動する

[3] シャットダウンする

　プロジェクトの設定画面が表示されるので、［シャットダウン］をクリックします（**図1-31**）。

図1-31　シャットダウンする

[4] 削除を確認する

　確認のためプロジェクトIDの入力を促されます。プロジェクトIDを入力し、［シャットダウン］をクリックすると、プロジェクトに対する課金が止まり、プロジェクトと、それに含まれるすべてのリソースが削除されます（**図1-32**）。

［メモ］　30日以内であれば、削除を取り消すこともできます。

図1-32　削除を確認する

第2章

AI・機械学習サービスの概要

　Googleは、さまざまなAI・機械学習のサービスを提供しています。こうしたサービスは、用途や仕組みの違いによって、いくつかに分類できます。

　この章では、どのようなサービスがあるのか、その概要を見ていきます。

2.1 3種類のAPI

Googleはこれまで、AIや機械学習技術を活用したさまざまなサービスをコンシューマー向けに提供してきました。例えば「Googleフォト」の検索機能では、同じ人が写っている写真を簡単に探せます。「Googleアシスタント」に自然な言葉で話しかけて操作できるのも、AIや機械学習技術のおかげです。

こうしたGoogle社内の研究開発で生まれたAIや機械学習技術の一部が、開発者のニーズに合わせて、Google Cloudにも提供されています。提供されている機械学習モデルや機械学習インフラを活用することで、機械学習システムを、より簡単・迅速に構築できるようになります。

Google Cloudで提供されている主要なAI・機械学習サービスは、「機械学習API」「Cloud AutoML」「AI Platform」の3つに大きく分類できます（**図2-1**）。

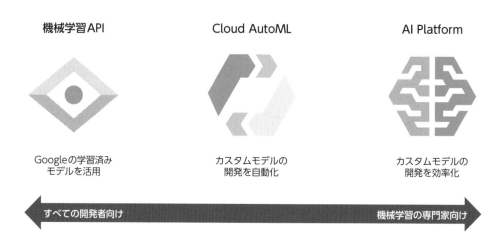

図2-1　Google Cloudで提供されるAI・機械学習サービスの分類

▍2.2　機械学習API

機械学習APIは、Googleのサービスで活用されている高度な機械学習モデルと同等のモデルを、APIとして利用できるようにしたものです。既に学習済みのモデルを使うため、学習用データを用意して覚え込ませる必要はありませんし、機械学習の専門的な知識がなくてもすぐに使えます。

処理したいデータを与えるだけで結果を得られるので、機械学習の技術を既存アプリケーションと連携させたり、インテリジェントなアプリケーションを手軽に新規開発したりするのに役立ちます。

機械学習APIには、「画像分析」「動画分析」「音声分析」「テキスト分析」など、多数の用途別のサービスが提供されています（**表2-1**）。

サービス名	概要
◈ Cloud Vision API	感情やテキストなどを検出するためのカスタムモデルと事前トレーニング済みモデル
🧩 Cloud Video Intelligence API	機械学習を使用した動画分類と認識
ᚦᚦᚦ Speech-to-Text API	125以上の言語と方言に対応した、音声データのテキスト変換機能
☰ᚦ Text-to-Speech API	220以上の音声と40以上の言語に対応した音声合成機能
[≡] Cloud Natural Language API	非構造化テキストの感情分析と分類機能
文A Cloud Translation API	100以上の言語に対応した、機械翻訳機能

表2-1　機械学習API

2.2.1　画像に関する機械学習API

　画像に関するものとしては、静止画分析の「Cloud Vision API」と動画分析の「Cloud Video Intelligence API」があります。

▍Cloud Vision API

　画像分析を提供するサービスです。11種類の分析機能があります（2021年4月時点）。画像に写っているモノの種類や名称を検出するラベル検出機能、画像の中からテキストを抽出するOCR機能などがあります。

▍Cloud Video Intelligence API

　動画分析を提供するサービスです。9種類の分析機能があります（2021年4月時点）。動画に写っているモノの種類や名称を検出するラベル検出機能、コンテンツの遷移を検出するショット変更の検出機能、性的・暴力的な表現の検出機能などがあります。

2.2.2　音声に関する機械学習API

　音声に関するものとしては、音声認識の「Cloud Speech-to-Text API」と音声合成の「Cloud Text-to-Speech API」があります。

▍Cloud Speech-to-Text API

　音声認識を提供するサービスです。入力された音声データをテキストデータに変換します。125以上の言語や言語変種に対応しています（2021年4月時点）。音声ファイルだけでなく音声ストリームも入力として使用できるため、リアルタイムな音声認識も可能です。さらにタイムスタンプ機能を利用すれば、特定のフレーズがどのタイミングで発言されたかもわかります。

▍Cloud Text-to-Speech API

　音声合成を提供するサービスです。入力されたテキストデータを音声データに変換します。人間のような自然なイントネーションの音声を生成できます。40以上の言語と方言に対応し、220種類以上の音声から選択できるため（2021年4月時点）、ユーザーとアプリケーションに最適なものを見つけられます。

2.2.3　自然言語に関する機械学習API

　自然言語に関するものとしては、自然言語分析の「Cloud Natural Language API」と機械翻訳の「Cloud Translation API」があります。

▌Cloud Natural Language API

　テキスト分析のためのサービスです。構文解析や感情分析、エンティティ分析など合わせて5種類の機能があります（2021年4月時点）。Cloud Speech-to-Text APIと組み合わせれば、音声データに対する分析にも利用できます。たとえばCloud Speech-to-Text APIを使って音声データをテキスト化したあと、本APIのエンティティ分析機能を利用することで、著名人、ランドマークなどの固有名詞や普通名詞といった情報を抽出したり、感情分析機能を利用してネガティブな言い回しを検出したりといった利用方法が考えられます。

▌Cloud Translation API

　機械翻訳のサービスです。「テキストの翻訳」と「入力言語の判定」の2種類の機能があり、100以上の言語に対応しています（2021年4月時点）。翻訳対象はテキスト形式だけでなく、HTML形式もサポートしています。開発者がカスタム辞書を追加できる「glossary」と呼ばれる機能もあります。

2.3 Cloud AutoML

　ここまで説明した機械学習APIは学習済みモデルであるため、学習用のデータを準備することなく簡単に利用できるのが魅力ですが、すべての課題を解決できるわけではありません。

　例えば、クルマの画像から車種を分類しようとする場合、機械学習サービスとして提供されているCloud Vision APIでは実現できません。なぜならCloud Vision APIのモデルが車種を分類できるように学習されていないため、どんなクルマでも、「クルマ」というラベルとしてしか検出できないためです。

　「車種」をラベルとして検出したいのであれば、開発者が自身で車種分類をする機械学習モデルを構築しなければなりません。

　しかしそれは複雑でノウハウも必要です。機械学習の専門家などがチームメンバーにいれば、カスタムモデルの開発は不可能ではありません。しかし開発するとしても、高度なスキルや高性能なコンピューティング環境が要求されますし、実装やチューニングに多くの時間を割く必要があります。こうしたときに活躍するのがCloud AutoMLです。

2.3.1　Cloud AutoMLの動き

　Cloud AutoMLは、機械学習APIと違って、独自のデータを学習させられるAPIです。Googleが提供するモデル設計やトレーニング（学習）を使って、開発者が用意したデータを学習させることで、用途に特化したモデルを自動作成します（**図3-2**）。高度なスキルや高性能な計算機環境がなくても、数時間のうちに目的に合った高品質な機械学習モデルを構築し、活用できます。

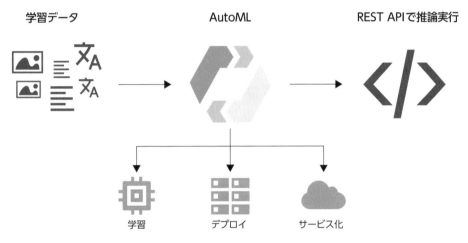

図2-2　Cloud AutoMLの動作

　Cloud AutoMLを使う際の流れは、概ね、以下の通りです。

1. ラベルを付けたデータを用意する

　カスタムモデルを開発するためのデータに、ラベル（正解）を付けておきます。例えば、車種分類のモデルを開発する場合には、車種ごとに複数の画像データを準備し、それらの画像に適切な「車種名」をラベルとして、それぞれすべて設定しておきます。

2. トレーニングを実行する

　学習のデータが準備できたら、Cloud AutoMLのWeb UI（Webブラウザー上で操作可能なユーザーインターフェース）もしくはAPIからトレーニングを実行します。するとCloud AutoMLが学習データに基づいて機械学習モデルを自動構築し、最適化します（学習には、しばらく時間がかか

りますが、この間、開発者は別の作業をしていてかまいません）。構築した機械学習モデルの性能は、Cloud AutoMLのWeb UIからすぐに確認できます。

3. APIとして公開される

　トレーニングが終了すれば、自動でデプロイされ、すぐにAPIとして利用できるようになります。開発者が自身で機械学習モデルを構築する場合と違って、デプロイの環境や運用は必要なく、すぐに使い始められます。実運用に関しても、APIへのリクエストが増加した際は、負荷に応じてCloud AutoMLが処理能力を自動的にスケールするため、開発者が気にする必要はありません。

2.3.2　Cloud AutoMLで提供されるサービス

　2021年4月時点で提供されているCloud AutoMLのサービスは、**表2-2**に示す5種類です。

サービス名	概要
AutoML Vision	画像分析 （ラベル検出、動体検出）
AutoML Natural Language	テキスト分析 （分類、エンティティ抽出、感情分析）
AutoML Translation	機械翻訳
AutoML Video Intelligence[beta]	動画分析 （ラベル検出、動体検出）
AutoML Tables[beta]	構造化データ分析 （回帰、クラス分類など）

表2-2　Cloud AutoMLサービス

2.4　AI Platform

　AI Platformは、開発者が一から機械学習モデルを構築する際に使うサービスです。2021年4月時点では、**表2-3**に示す6種類のAI Platformがあり、これらを活用することで、機械学習モデルの構築作業を効率化できます。

　これまで説明してきた機械学習APIやCloud AutoMLは、専門知識がなくても機械学習の技術をサービスに活用できるメリットがありますが、利用できるのは、あらかじめ用意された機械学習モデルや構築の仕組みが自社の用途に合っている場合に限られます。より細かく精度をチューニングしたい、処理の速度を高速化したいといった開発者の要求に合わせたカスタマイズをしたいときは、AI Platformを利用するとよいでしょう。

サービス名	概要
AI Hub^{beta}	AI開発のためのコラボレーションツール
AI Platform Notebooks	機械学習モデルの開発環境
AI Platform Training	機械学習モデルのトレーニングサービス
AI Platform Prediction	機械学習モデルのデプロイサービス
AI Platform Pipelines^{beta}	機械学習パイプライン環境の構築サービス
Cloud TPU	機械学習専用の高性能計算機環境

表2-3　AI Platformの主なサービス

2.4.1　AI Hub

　機械学習のソースコードやモデルといったアセット（資産）を検索、共有できるサービスです。

　Google AIやGoogle Cloud AI、Google Cloud Partnerが公開している機械学習アセットを簡単に見つけたり、組織内で開発した機械学習のアセットを組織内だけで共有したりできます。機械学習

アセットを組織内で共有することで、組織内での再利用やコラボレーションを促進できます。

2.4.2　AI Platform Notebooks

　データ分析や機械学習モデルの開発環境である「JupyterLab」をクラウド上で提供するサービスです。

　機械学習モデルの開発者やデータサイエンティストは、機械学習のフレームワークやライブラリーがプリインストールされたJupyterLabの環境をワンクリックで作成できます。CPUやメモリー、GPUの有無などは、環境の作成時はもちろん、作成後も変更できます。

　Google Cloud環境との連携も可能です。ビッグデータ処理基盤である「BigQuery」などからのデータの取り込みや前処理、探索、モデルのトレーニングとデプロイまで、スムーズに作業を進められます。

2.4.3　AI Platform Training

　開発したモデルのトレーニングを効率的に実行するサービスです。

　「TensorFlow」「scikit-learn」「XGBoost」などの機械学習ライブラリーで開発したモデルをトレーニングできます。トレーニング実行時は、GPUやTPU（機械学習用チップ）の種類を選べるほか、分散トレーニングも可能です。ハイパーパラメーター（トレーニングやモデルに関するさまざまな設定値）のチューニングも自動化でき、効率良くモデルをトレーニングできます。

2.4.4　AI Platform Prediction

　トレーニングした機械学習モデルをデプロイするサービスです。オンライン予測とバッチ予測をサポートしています。また、リクエストの状況に合わせてノード数を自動でスケーリングする機能もあります。

2.4.5 AI Platform Pipelines

機械学習パイプライン（ML Pipeline）環境を構築するサービスです。

ML Pipelineとは、データの前処理や分析、モデルのトレーニングや評価など、機械学習モデルの開発にまつわる一連の処理のことです。オープンソースソフトウエアである「Kubeflow Pipelines」をベースに、ML Pipelineの環境を構築できます。

2.4.6 Cloud TPU

Cloud TPU（Tensor Processing Unit）は、Googleが設計した機械学習用チップです。機械学習ワークロードの高速化とスケールアップに対応できるよう最適化されており、TensorFlowでプログラムされたトレーニングや推論を実行できます。

実際のモデル開発では、試行錯誤の連続が多く、「修正、トレーニング、考察」のループを素早く繰り返すことが重要です。Cloud TPUは、モデルトレーニングをより高速に実行できるように設計されています。Google自身、Cloud TPUを翻訳やフォト、検索、アシスタント、Gmailなどのサービスで利用しています。

2.5 アイデアを気軽に試せるGoogle Cloud

　これまで説明してきたように、Google Cloudには、さまざまなAI・機械学習サービスがあり、プロジェクトの状況や用途に応じて適切なものを選択し、活用できます。

　機械学習では、良いモデルをいきなり完成させることは困難です。ですからより良いモデルを開発するには「試行錯誤が気軽にできる環境」が重要です。

　機械学習モデルを一から構築するのはコストも時間も掛かりますが、AI Platformなどを利用することで開発を効率化し、試行錯誤を気軽に繰り返せるようになります。このように「アイデアを気軽に試せる環境」を実現しているのが、Google Cloudの大きな特徴です。

Chapter

3

第3章

Cloud Speech-to-Text API を体験する

早速、いくつかのAI・機械学習サービスの使い方を具体的に見ていきます。

この章では、機械学習APIとして提供されている、音声データをテキスト化する「Cloud Speech-to-Text API」を使っていきます。

3.1 音声認識の方法とデータソース

　Cloud Speech-to-Text APIは、機械学習APIのひとつです。機械学習APIは、対象のAPIに対して処理させたいデータをリクエストとして送信すると、結果がレスポンスとして戻ってきます。Cloud Speech-to-Text APIの場合、音声データを送信すると、それを変換したテキストデータがレスポンスとして戻ってきます。

　Cloud Speech-to-Text APIには、次の3つの使い方があり、用途に応じて使い分けます。

1. 短い音声ファイルの音声認識
2. 長い音声ファイルの音声認識
3. ストリーミング入力の音声認識

3.1.1　短い音声ファイルの音声認識

　1分未満の音声ファイルであれば、Cloud Speech-to-Text APIに音声データをそのまま渡してテキストに変換できます（**図3-1**）。この使い方が、もっとも簡単です。

　同期型で処理されるため、音声認識のリクエストを送信した後、認識結果がAPIから返ってくるまで、それ以外の処理がブロックされます。音声ファイルは、「バイナリデータとして送信する方法」と「Cloud Storageに保存しているものを対象として指定する方法」とがあります。

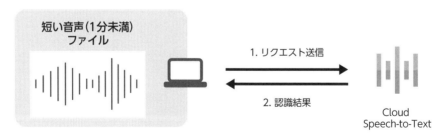

図3-1　短い音声ファイルの音声認識

3.1.2　長い音声ファイルの音声認識

　1分以上の音声認識では、音声データをCloud Storageに置き、非同期処理で扱います。最大で480分のデータまで対応しています。

　認識結果は、「google.longrunning.Operations」インターフェースを通じて取得します。リクエスト送信後、個々の処理をするNameをAPIから受け取ります。その後はNameを使って、認識結果を取得します（**図3-2**）。

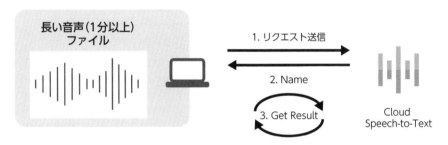

図3-2　長い音声ファイルの音声認識

3.1.3　ストリーミング入力の音声認識

　ストリーミング入力の音声認識では、マイクなどのデバイスからリアルタイムに入力される音声データを扱います。最大5分間まで対応します。認識結果は、変換が完了し次第、即座にストリームとしてAPIから取得できます。そのため、音声認識の途中の結果も取得できます（**図3-3**）。

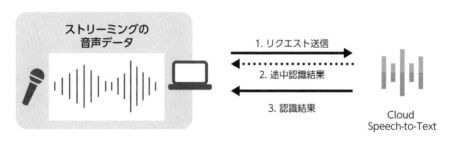

図3-3　ストリーミング入力の音声認識

　ストリーミング入力には、「gRPC」を利用しなければなりません。gRPCとは、Googleが開発したオープンソースのRPC（リモート・プロシージャー・コール）システムです。ただしGoogle Cloudクライアントライブラリを利用すれば、gRPCの処理などを気にすることなく簡単に機能を利用できます。

　マイクなどのデバイスに入力された音声を、その場で音声認識してテキストとして取得できるため、音声認識の結果をすぐに取得したい用途に適しています。例えばコールセンターで、顧客の電話をその場でテキスト化したいといった場面で活用できます。

3.2 Cloud Speech-to-Text APIを利用するための準備

では実際に、Cloud Speech-to Text APIが、どのようなものかを体験してみましょう。

　Cloud Speech-to Text APIには、「短い音声ファイル（同期型）」「長い音声ファイル（非同期型）」「ストリーミング」の3種類の方法があると説明しましたが、ここでは、操作が簡単な「短い音声ファイル（同期型）」を使います。

　以下では、（1）Googleドライブに置いたファイルを変換する、（2）Cloud Storageに置いたファイルを変換する、という2つの例を紹介します（**図3-4**）。クライアント側のプログラムは、「Google Colaboratory」を使って、Pythonのプログラムとして作るものとします。

　Google Colaboratoryは、機械学習の普及を目的としてGoogleが提供している、Webブラウザ上で利用できる無料のPython実行環境です。

> ［メモ］　ここではGoogle Colaboratoryを使う方法を説明しますが、自分のパソコンにPythonをインストールした環境でも同様のプログラムが動きます（その場合は、音声ファイルをGoogleドライブから取得するのではなく、ファイルとして読み込んだものを渡します）。

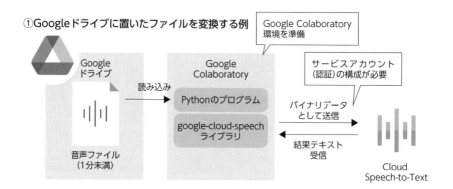

①Googleドライブに置いたファイルを変換する例

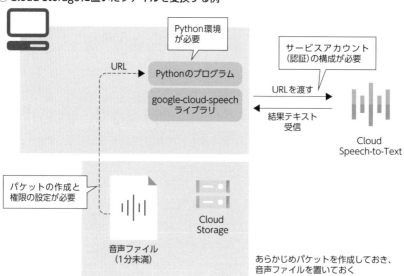

②Cloud Storageに置いたファイルを変換する例

図3-4　Cloud Speech-to-Text APIを使った例

どちらの場合も環境として、次の準備が必要です。

Google Cloud側の準備

1. プロジェクトを作り、利用したいAPI(ここではCloud Speech-to-Text API) を有効化する
2. クライアントから呼び出すときに認証に必要となるサービスアカウントを作成する

クライアント側の準備

1. Python環境を整える。今回は「Google Colaboratory」を使う。
2. ライブラリをインストールする

Cloud Storageに置いたファイルを変換する場合は、さらに、次の準備が必要です。

1. Cloud Storageにファイルを配置するためのバケットを作成する
2. サービスアカウントからアクセスできるようにバケットのセキュリティを構成する

Column

Google Colaboratoryについて

　Google Colaboratoryは、Google Cloudとは関係なく、Googleアカウントがあれば使えます。

　Google Colaboratoryは、Jupyter Notebookととても似たツールです。ブラウザさえあれば、すぐに誰でも利用できるPython実行環境が手に入る反面、機械学習の普及を目的とした無償サービスであるため、一定時間が経過するとランタイム環境が破棄され、データが失われます。具体的には、「ブラウザを放置したまま90分間放置した場合」「(たとえブラウザを放置しなくても) 12時間経過した場合」には、ランタイム環境が破棄されるので注意してください (2021年4月現在)。

　なお編集しているファイルはGoogleドライブに保存されるため、ランタイム環境が破棄されても、作ったプログラム自体は、Googleドライブに残り、破棄されることはありません。破棄されるのは、変数の値や計算の途中結果などだけです。

3.3 プロジェクトの作成とAPI利用のための準備

それでは、はじめていきます。

　まずはプロジェクトを作成しておきましょう。「1-4　プロジェクトの作成」で説明した手順で、プロジェクトを作成しておきます。ここでは「cloudspeech-example」という名前にしておきます（図3-5）。

図3-5 プロジェクトを作成する

3.3.1　利用するAPIを有効化する

　Cloud Speech-to-Text APIに限らず、Google Cloudのサービスを利用する際には、そのサービスを有効にする設定が必要です。プロジェクトに対して次のように操作して、Cloud Speech-to-Text APIを有効化します。

▌手順▌ Cloud Speech-to-Text APIを有効化する

[1] ライブラリを開く

Google Cloudコンソールの［APIとサービス］から［ライブラリ］を選択します（**図3-6**）。

図3-6　ライブラリを開く

[2]　APIを検索して開く

「Cloud Speech-to-Text API」を検索して開きます（**図3-7**）。

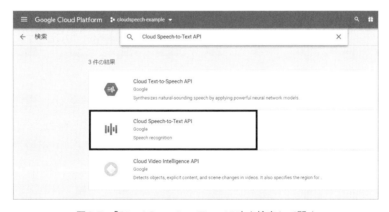

図3-7　「Cloud Speech-to-Text API」を検索して開く

［3］　有効化する

　［有効にする］ボタンをクリックして、有効にします（**図3-8**）。

図3-8　有効にする

3.3.2　サービスアカウントを作成する

　Google CloudのAPIを利用するには認証が必要です。認証には、「サービスアカウントを用いる方法」と「APIキーを用いる方法」の2通りがあります。

1.　サービスアカウント

　Google Cloudサービスにあらかじめ登録しておく、人間以外が用いるアカウントのことです。Google Cloud上のさまざまなアクセスを許可します。

2.　APIキー

　Googleアカウント（人間が使うアカウント）やサービスアカウント以外の方法で、APIに対してアクセスできるようにする、暗号化された単純な文字列です。この文字列さえあれば誰でもアクセスできるので、匿名アクセスする際に、よく使われます。

　ここでは、サービスアカウントを利用する方法を採用します。次の手順でサービスアカウントを作成します。

手順 サービスアカウントを作成する

［1］ 認証情報を開く

Google Cloudコンソールの［APIとサービス］―［認証情報］を選択して開きます（**図3-9**）。

図3-9　認証情報を開く

［2］ サービスアカウントの作成を始める

［＋認証情報を作成］から［サービスアカウント］を選択して、サービスアカウントの作成を始めます（**図3-10**）。

図3-10　サービスアカウントの作成をはじめる

[3] サービスアカウント名を入力する

　サービスアカウント名を入力して、[作成] ボタンをクリックします。ここでは「CloudSpeech
ExampleAccount」とします (**図3-11**)。

[メモ]	サービスアカウントIDは、サービスアカウント名を入力すると、自動入力されますが変更することもできます。

図3-11　サービスアカウント名を入力する

[4] 完了する

　サービスアカウントの設定では、「このサービスアカウントにプロジェクトへのアクセスを許可
する」と「ユーザーにこのサービスアカウントへのアクセスを許可」という項目がありますが、こ
れらは必要ないので、そのまま [完了] ボタンをクリックします (**図3-12**)。

図3-12 完了する

3.3.3 サービスアカウントキーの作成とダウンロード

作成したサービスアカウントに対して、キーを作成し、ダウンロードします。

手順 **サービスアカウントキーの作成**

[1] サービスアカウントを開く

［認証情報］のところに、追加したサービスアカウントが登録されたはずです。これをクリックして開きます（**図3-13**）。

図3-13 サービスアカウントを開く

[2]　キーを追加する

「キー」の項目にある［鍵を追加］から［新しい鍵を作成］を選択し、キーを作成します（**図3-14**）。

図3-14　キーを作成する

[3]　JSON形式としてダウンロードする

　キーのタイプを選びます。ここでは［JSON］を選択して［作成］ボタンをクリックします（**図3-15**）。すると、JSON形式のファイルのダウンロードが始まります。

　このファイルは、このサービスアカウントにひも付いているキーです。あとでクライアントからアクセスするときに使います。再ダウンロードはできないので、紛失に注意してください。また漏洩すると第三者がアクセスしてしまう可能性があるので、保管にも注意してください。

> ［**メモ**］　キーを紛失したときは再ダウンロードはできないので、再生成してください。

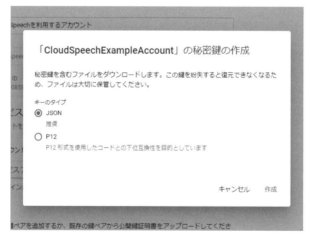

図3-15　JSON形式としてダウンロードする

3.4 Google Colaboratoryの準備

Google Cloudの側の準備ができたので、クライアント側の環境を整えます。ここではGoogle Colaboratory環境を使います。プログラミング言語としては、Pythonを使います。

Google Colaboratoryの利用には、Googleアカウントが必要ですが、Google Cloudを利用する際に作成しているはずなので、Googleアカウントの取得についての説明は割愛します。

[メモ]　利用するGoogleアカウントは、Google Cloudとひも付けておく必要はありません。この節の手順では、Google Colaboratoryに対して、「3.3.3　サービスアカウントキーの作成とダウンロード」で作成したサービスアカウントを設定することで認証します。

3.4.1　Google Colaboratoryから接続するGoogleドライブの準備

Google Colaboratoryを使う場合、前もって少し考えておかなければならないことがあります。それはストレージです。

Google Colaboratoryには、ストレージがありません。先ほど、APIにアクセスするためのサービスアカウントキーをJSON形式ファイルとして用意しましたが、Cloud Speech-to-Text APIを使うには、このファイルの置き場となる場所が必要です。また、処理する音声ファイルも、どこかに置かなければなりません。

いくつかの方法がありますが、ここでは、これらのファイルをGoogleドライブに置くことにします。

[メモ]　音声ファイルについては、Googleドライブではなく、Cloud Storageに置く方法もあります。詳細は、「3.6　Cloud Storageに置いたファイルを変換する例」で説明します。

Google ColaboratoryからGoogleドライブに接続するための認証

　Google ColaboratoryとGoogleドライブは、異なるサービスです。ですから接続には、認証が必要です。認証には、いくつかの方法がありますが、ここでは話を簡単にするため、Google Colaboratoryで提供されているライブラリ（google.colab.drive）を使います。

　すぐあとに説明しますが、

```
drive.mount('/content/drive')
```

というコードを実行すると、URLが表示され、そのURLにアクセスしてGoogleドライブにログインできます。すると以降、「/content/drive/」に、Googleドライブがマウントされ、配置したファイルにアクセスできるようになります（**図3-16**）。

> [メモ]　マウント先の「/content/drive」は、この通りである必要はなく、任意のパス名を指定できます。

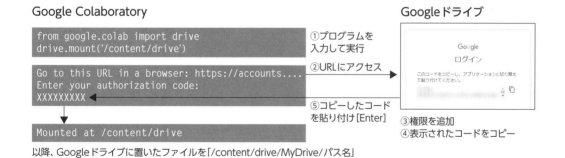

図3-16　Google ColaboratoryからGoogleドライブに接続する方法

サービスアカウントキーのファイルを置く

プログラムのコードは、あとで改めて説明するので、まずは、Googleドライブを用意しておきましょう。

ここではGoogleドライブに「/cloudspeech」というフォルダを作り、そのなかに、ダウンロードしたサービスアカウントキーのファイルを「credentials.json」というファイル名で置いておくことにします（**図3-17**）。

あとで説明しますが、Googleドライブを「drive.mount('/content/drive/')」でマウントした場合、このファイルは、「/content/drive/MyDrive/cloudspeech/credentials.json」というパス名でアクセスできます。

> [メモ] マウントするパスは、2020年11月に「My Drive」（間にスペースがある）から「MyDrive」（間にスペースがない）に変わりました。古い文献を参考にするときは注意してください。

> [メモ] このフォルダは、公開設定（共有設定）をしないように注意してください。サービスアカウントキーが漏洩すると、第三者が勝手に自分のGoogle CloudのAPIを呼び出して（つまり、自分に対して課金されて）しまいます。

図3-17　サービスアカウントキーのファイルを置く

3.4.2　Google Colaboratoryで新規ノートブックを作る

　Googleドライブの準備ができたところで、Google Colaboratoryでの作業を始めていきます。

　Google Colaboratoryは、Jupyter Notebookをベースに作られているので、とても似ています。プログラムを作るには、「ノートブック」を作成します。

手順　新規ノートブックを作成する

[1]　Google Colaboratoryを開く

　ブラウザでGoogle Colaboratoryのページを開きます。Googleアカウントでログインしていないときは、右上の［ログイン］ボタンをクリックしてログインしてください（**図3-18**）。

[Google Colaboratory]

https://colab.research.google.com/

図3-18　Google Colaboratory

71

[2] 新規ノートブックを作成する

ログインすると、ノートブックの選択画面が表示されます。[ノートブックを新規作成]をクリックします（図3-19）。

図3-19　ノートブックを新規作成する

[3] ノートブックが作成された

ノートブックが作成されました。ここにコードを入力して実行できます（図3-20）。

[メモ]　既定では「Untitled連番.ipynb」という名前が付きます。画面左上の「Untitled0.ipynb」の部分をクリックすると、名前を変更できます。

図3-20　ノートブックが作成された

3.4.3　ライブラリのインストール

次に、必要なライブラリをインストールします。

Google Colaboratoryを使って、Pythonのプログラムとして開発していきます。Pythonから
Cloud Speech-to-Text APIを利用するには、「google-cloud-speech」というライブラリを使います。
Pythonのライブラリをインストールするには、pipコマンドを使います。

Google Colaboratory環境ではない素のPython環境の場合は、pipコマンドを使って、次のよう
にインストールします。

```
pip install --upgrade google-cloud-speech
```

Google Colaboratory環境では、このコマンドの前に「!」を付けた次のコマンドをセルに入力し
て実行すると、pipコマンドが実行され、インストールできます（**図3-21**）。

```
!pip install --upgrade google-cloud-speech
```

［メモ］　「!」はGoogle Colaboratoryの実行環境のシェルでコマンドを実行するための命令です。

［メモ］　この作業は、初回に1回だけで済みます。しかしGoogle Colaboratoryは、90分放置した場合、
　　　　もしくは放置しなくとも12時間が経過すると、実行環境が破棄されます。その場合は、もう
　　　　一度、実行してください。

図3-21　ライブラリをインストールする

　場合によっては、**図3-22**のように、再起動が必要な旨が表示され、［RESTART RUNTIME］とい
うボタンが表示されることがあります。このときは、［RESTART RUNTIME］ボタンをクリックし
てください。

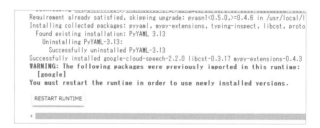

図3-22　［RESTART RUNTIME］ボタンがクリックされたときは、クリックしてリスタートする

3.4.4　Googleドライブのマウント

　次に、Googleドライブに置いたファイルにアクセスできるようにするため、次のようにしてマウントします。

[メモ]　この作業は初回に1回だけで済みますが、ライブラリのインストールと同様に、90分放置した場合、もしくは放置しなくとも12時間が経過したときは、再実行が必要になることがあります。

手順　Googleドライブのマウント

［1］　さらにプログラムを入力できるようにするセルを追加する

　左上の［＋コード］のボタンをクリックします。すると、プログラムを入力するセルがひとつ追加されます（図3-23）。

[メモ]　Google Colaboratoryの基本操作については、「コラム　Google Colaboratoryの操作」（p.79）を参照してください。

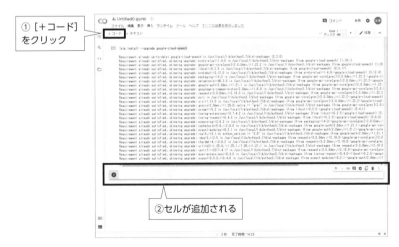

図3-23　セルを追加する

[2] マウントするためのプログラムを入力して実行する

追加されたセルに、次のプログラムを入力し、左の三角の実行ボタンをクリックして実行します（**図3-24**）。

```
from google.colab import drive
drive.mount('/content/drive')
```

図3-24　マウントするためのプログラムを入力して実行する

[3] ブラウザでアクセスして認証する

実行すると、**図3-25**のようにGoogleドライブにアクセスするためのURLが表示されます。

このURLをクリックしてブラウザでアクセスします。するとGoogleドライブへのログイン画面が表示されるのでログインします（**図3-26**）。ログインすると、アクセスのリクエストが表示されるので［許可］をクリックしてください（**図3-27**）。

図3-25　URLが表示された

図3-26　Google ドライブへのログイン

図3-27　アクセスを許可する

[4] コードをコピーする

すると**図3-28**のようにコードが表示されます。これをコピーして、先ほどの**図3-25**の［Enter your authorization code:］の部分に入力して［Enter］キーを押します（**図3-29**）。すると「Mounted at /content/drive」と表示され、マウントが完了します（**図3-30**）。

> **［メモ］** 「/content/drive」にマウントされるのは、「drive.mount('/content/drive')」のように、drive. mountの引数に、それを指定したからです。ほかのマウントパスを指定することもできます。

図3-28　コードをコピーする

図3-29　コードをGoogle Colaboratoryに貼り付ける

図3-30　マウントが完了した

Column

Google Colaboratoryの操作

　Google Colaboratoryは、Jupyter Notebookと似たような操作をします。「セル」と呼ばれる場所にプログラムを入力し、その左の［実行］ボタンをクリックすると、そのセルに入力したプログラムだけが実行されます。

　セルを追加するには［＋コード］ボタンをクリックします。セルの左上の［↑］［↓］のボタンをクリックすると、上下に移動できます。［ゴミ箱］のボタンをクリックすると、セルを削除できます（**図3-31**）。

図3-31　Google Colaboratoryの基本操作

3.4.5 サービスアカウントキーを環境変数に設定する

次に、Google ColaboratoryからGoogle CloudのAPIを呼び出すための準備をします。

Google Cloudのライブラリは、Google Cloudに接続する際、GOOGLE_APPLICATION_CREDENTIALSという名前の環境変数に設定されているサービスアカウントキーを使うため、この設定がないとエラーが発生します。

これまでの手順で、サービスアカウントキーは、すでにGoogleドライブに置いてあり、マウントすることで「/content/drive/MyDrive/cloudspeech/credentials.json」というファイルがアクセスできるようにしてきました。そこでこのパスをGOOGLE_APPLICATION_CREDENTIALS環境変数に設定します。

手順 **サービスアカウントキーのパスをGOOGLE_APPLICATION_CREDENTIALS 環境変数に設定する**

［1］ セルを追加する
左上の［＋コード］のボタンをクリックして、プログラムを入力できるセルを追加します。

［2］ プログラムを入力して実行する
下記のプログラムをセルに入力します。入力したら、三角の実行ボタンをクリックして実行します（図3-32）。

このプログラムは何も出力していないので、実行しても結果は何も表示されませんが正常です。

```
import os
os.environ['GOOGLE_APPLICATION_CREDENTIALS'] = '/content/drive/MyDrive/cloudspeech/credentials.json'
```

```
import os
os.environ['GOOGLE_APPLICATION_CREDENTIALS'] = '/content/drive/MyDrive/cloudspeech/credentials.json'
```

図3-32　GOOGLE_APPLICATION_CREDENTIALS環境変数を設定する

　この環境変数の設定を忘れると、以降、APIを呼び出す際に、次のようなエラーが発生するので注意してください。

　次節以降のプログラムを実行した際、このエラーが表示されたときは、①Googleドライブのマウント設定を忘れていないか、②credntials.jsonファイルの置き場所やファイル名が正しいか、を確認してください。

```
google.auth.exceptions.DefaultCredentialsError: Could not automatically determine credential
s. Please set GOOGLE_APPLICATION_CREDENTIALS or explicitly create credentials and re-run the
application. For more information, please see https://cloud.google.com/docs/authentication/g
etting-started
```

3.5 Googleドライブに置いたファイルを変換する例

少し長かったですが、これでGoogle ColaboratoryからGoogle Cloud APIを実行する準備が整いました。

さっそく、Cloud Speech-to-Text APIを使ってみましょう。まずは、Googleドライブに置いた音声ファイルを変換するプログラムから作ってみます。

3.5.1 音声ファイルの準備

プログラムの実行に先立ち、認識させたい音声ファイルを準備しておきます。Cloud Speech-to-Text APIは、**表3-1**に示すフォーマットに対応しています。ただしモノラルの音声(1チャンネルの音声)に限られます。またよい結果を出すには、非圧縮形式(LINEAR16やFLAC)を使うことが推奨されています。

同期型のAPI呼び出しでは60秒までしか対応していないため、用意する音声ファイルは60秒未満としてください。

設定値	形式
LINEAR16	Linear PCM 形式（非圧縮 16 ビット符号ありリトルエディアン形式）。たとえば 16 ビットの wav 形式は（ヘッダ部を取り除けば）この形式
FLAC	FLAC（Free Lossless Audio Codec）。非圧縮の 16 ビットまたは 24 ビット形式。LINEAR16 の半分のバンド幅で済むため、推奨される
MULAW	G.711 PCMU/mu-law 形式
AMR	Adaptive Multi-Rate Narrowband codec。サンプリングレートは 8000Hz のみ対応
AMR_WB	Adaptive Multi-Rate Wideband codec。サンプリングレートは 16000Hz のみ対応
OGG_OPUS	OggOpus。サンプリングレートは、8000Hz、12000Hz、16000Hz、24000Hz、48000Hz のいずれかのみ対応
SPEEX_WIDTH_HEADER_BYTE	Speex。推奨されない。対応するのはワイドバンド、サンプリングレート 16000Hz のみ。

表3-1　Cloud Speech-to-Text APIが対応する音声形式

音声ファイルの作成

ここでは「モノラル／16000Hz／Linear PCM形式」のデータとして用意することにします。

Linear PCM形式のデータを作成するには、たとえば、「Audacity（https://www.audacityteam.org/）」などのツールが使えます。また音声形式の変換には「SoX（http://sox.sourceforge.net/）」などのツールを利用できます。これらのツールを自分のPCにインストールして、音声ファイルを作成してください。

たとえばAudacityを使う場合は、［1（モノラル）録音チャンネル］として作成します。サンプリング周波数は左下で選択できます（**図3-33**）。録音ボタン（赤い●のボタン）をクリックするとマイクから録音できるので、適当な言葉を録音してください。

書き出すときは、［その他の非圧縮ファイル］とし、ヘッダは［RAW］、エンコーディングは［Signed 16-bit PCM］とし、「voice.raw」というファイル名で保存しておきます（**図3-34**）。

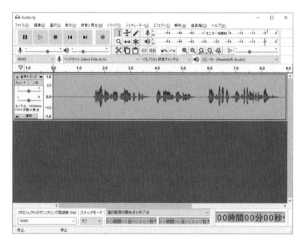

図3-33　Audacityを使って録音しているところ

図3-34　LINEAR16形式への書き出し

LINEAR16形式が正しいかどうかを試す

　LINEAR16形式はヘッダが付いていないため、通常のプレーヤーでは再生できません。とはいえ変換したデータが本当に正しいかどうかを確認したいこともあるでしょう。

　Windows PCを使っているのであれば、自分のPCにSoX (http://sox.sourceforge.net/) をインストールして、次のように再生するとよいでしょう。

```
sox.exe -t raw --channels=1 --bits=16 --rate=16000 --encoding=signed-integer
--endian=little ファイル名 -d
```

　もし、

```
sox FAIL sox: Sorry, there is no default audio device configured
```

というメッセージが表示されたときは、

```
set AUDIODRIVER=waveaudio
```

と入力してから試してみてください。

▌音声ファイルのアップロード

　作成した音声ファイルをGoogleドライブにアップロードします。ここではcloudspeechフォルダに、「voice.raw」という名前で保存しておきます（**図3-35**）。

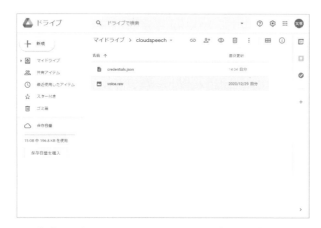

図3-35　作成した音声ファイルをGoogleドライブにアップロードしておく

3.5.2　Googleドライブの音声ファイルをテキスト変換するプログラムの例

　では、Cloud Speech-to-Text APIを使って、この音声を実際にテキストに変換してみましょう。

▌テキストに変換するプログラム

　テキストに変換するプログラムは、リスト3-1の通りです。

　Google Colaboratoryで［＋セルの追加］をクリックしてセルを追加し、このプログラムを入力して実行すると、Googleドライブのcloudspeechフォルダに置いた「voice.raw」がテキストに変換され、そのテキストが表示されます。

　たとえば筆者の環境では、「これは Google API のテストです。音声認識をしてみます。同期型と非同期型の呼び出しがあります。同期型は60秒まで対応します。」としゃべった音声ファイルをvoice.rawとして用意したときは、次の文字列が返されました。「非同期型」というところが「扇形」

と変換されましたが、結果は良好なようです（**図3-36**）。

> **［メモ］** 話し方やノイズによって結果は異なります。またクラウドなのでAPIは日々進化しており、結果は日によって変わることもあります。

これは Google API のテストです音声認識をしてみます同期型として扇形の呼び出しがあります同期型は60秒まで対応します

>リスト3-1　Cloud Speech-to-Text APIでGoogleドライブに置いた音声ファイルを変換する例

```python
from google.cloud import speech
import io

# 1. 音声ファイルを読み込む
with io.open("/content/drive/MyDrive/cloudspeech/voice.raw", "rb") as audio_file:
    content = audio_file.read()
# 2. 与える音声データを生成する
audio = speech.RecognitionAudio(content=content)
config = speech.RecognitionConfig(
    encoding=speech.RecognitionConfig.AudioEncoding.LINEAR16,
    sample_rate_hertz=16000,
    language_code="ja-JP"
)
# 3. Cloud Speech-to-Text APIを呼び出す
client = speech.SpeechClient()
response = client.recognize(config=config, audio=audio)
# 4. 結果を取得して表示する
for result in response.results:
    # 戻り値は、いくつかの配列で先頭から順に、もっとも確からしい文字列
    print(result.alternatives[0].transcript)
```

```
from google.cloud import speech
import io

# 1. 音声ファイルを読み込む
with io.open("/content/drive/MyDrive/cloudspeech/voice.raw", "rb") as audio_file:
    content = audio_file.read()

# 2. 与える音声データを生成する
audio = speech.RecognitionAudio(content=content)
config = speech.RecognitionConfig(
    encoding=speech.RecognitionConfig.AudioEncoding.LINEAR16,
    sample_rate_hertz=16000,
    language_code="ja-JP"
)

# 3. Cloud Speech-to-Text APIを呼び出す
client = speech.SpeechClient()
response = client.recognize(config=config, audio=audio)

# 4. 結果を取得して表示する
for result in response.results:
    # 戻り値は、いくつかの配列で先頭から順に、もっとも確からしい文字列
    print(result.alternatives[0].transcript)
```

これは Google API のテストです音声認識をしてみます同期型として扇形の呼び出しがあります同期型は60秒まで対応します

図3-36　リスト3-1を入力して実行したところ

Column

よくあるエラーへの対処法

エラーが発生したときは、次の項目を確認してください。

1. ImportError: cannot import name 'speech' from 'google.cloud' (unknown location)

pipコマンドによるライブラリのインストール（「!pip install --upgrade google-cloud-speech」）が実行されていない可能性があります。

2. ContextualVersionConflictエラー

pipコマンドでライブラリをインストールした後、[RESTART RUNTIME] ボタンが表示されたときに、そのボタンをクリックせずに、ランタイムを再起動していない可能性があります。

3. DefaultCredentialsError: Could not automatically determine credentials. Please set GOOGLE_APPLICATION_CREDENTIALS…略…

os.environ['GOOGLE_APPLICATION_CREDENTIALS']に、サービスアカウントキーのパスを設定していない可能性があります。

4. DefaultCredentialsError: File content/drive/MyDrive/cloudspeech/credentials.json was not found.

credentials.jsonファイルの場所が違う、もしくは、Googleドライブのマウントをしていない可能性があります。

5. 結果が空

音声ファイルが正しくないか形式が正しくない、無音であるなどが理由で、テキスト化に失敗している可能性があります。「コラム　LINEAR16形式が正しいかどうかを試す」(p.85) を参考に、音声ファイルが正しいかどうかを確認してください。

Column

Cloud Speech-to-Text APIのサンプル

Google Cloudの開発チームは、Cloud Speech-to-Text APIを利用したサンプルをGitHubで公開しています。本書のサンプルは、下記の「/samples/snippets/transcribe.py」に基づくものです。他のAPIの使い方については、これらのサンプルを参考にしてください。

[python-speech]

https://github.com/googleapis/python-speech/tree/master/samples

┃プログラムの動作

リスト3-1に示したプログラムは、次のように動作しています。

1. ライブラリの読み込み

まずは、ライブラリを読み込みます。

```
from google.cloud import speech
```

2. 音声ファイルの読み込み

音声ファイルを読み込みます。この処理はGoogle Speech-to-Textと関係なく、Python標準のバイナリファイルの読み込みです。

すでにGoogleドライブを「/content/drive/」にマウントしているので、cloudspeechフォルダのvoice.rawファイルは、「/content/drive/MyDrive/cloudspeech/voice.raw」というパスで参照できます。

```
with io.open("/content/drive/MyDrive/cloudspeech/voice.raw", "rb") as audio_file:
    content = audio_file.read()
```

3. APIに与える音声データと設定を用意する

APIに与える音声データと設定を用意します。まず、次のようにして、上記で読み込んだ音声データを変換します。

```
audio = speech.RecognitionAudio(content=content)
```

そしてこのデータのフォーマット（LINEAR16）、サンプリングレート（160000）、言語（ja_JP）を設定します。

> [メモ]　下記のconfigには、これ以外にも、いくつかのオプションを指定できます。たとえば「enable_word_time_offsets = True」というパラメータを渡すと、音声ファイルに含まれる各単語の発話時間のタイムスタンプを取得できます。

```
config = speech.RecognitionConfig(
    encoding=speech.RecognitionConfig.AudioEncoding.LINEAR16,
    sample_rate_hertz=16000,
    language_code="ja-JP"
)
```

4. Cloud Speech-to-Text APIを呼び出す

　準備ができたら、Cloud Speech-to-Text APIを呼び出します。まずは、SpeechClientオブジェクトを作成します。

```
client = speech.SpeechClient()
```

　そしてrecognizeメソッドを呼び出すことで、実際にAPIを呼び出して変換します。

```
response = client.recognize(config=config, audio=audio)
```

5. 結果の出力

　結果は、次に示すリスト形式で返されます。

```
results {
  alternatives {
    transcript: "\343\201\223\343\202\214\343\201\257 Google API \343\201\256\343\203\206\34
3\202\271\343\203\210\343\201\247\343\201\231\351\237\263\345\243\260\350\252\215\350\255\23
0\343\202\222\343\201\227\343\201\246\343\201\277\343\201\276\343\201\231\345\220\214\346\23
4\237\345\236\213\343\201\250\343\201\227\343\201\246\346\211\207\345\275\242\343\201\256\34
5\221\274\343\201\263\345\207\272\343\201\227\343\201\214\343\201\202\343\202\212\343\201\27
6\343\201\231\345\220\214\346\234\237\345\236\213\343\201\25760\347\247\222\343\201\276\343\
201\247\345\257\276\345\277\234\343\201\227\343\201\276\343\201\231"
    confidence: 0.95441866
  }
}
```

91

この例では候補がひとつしかありませんが、いくつかの候補があるときは複数の要素になることもあります。confidenceは「確からしさ」を示します。確からしさの高いもの順に並ぶので、単純に、「もっともそれらしいテキスト」を取得するのであれば、次のように先頭の要素を取り出して表示すれば十分です。

```
for result in response.results:
    # 戻り値は、いくつかの配列で先頭から順に、もっとも確からしい文字列
    print(result.alternatives[0].transcript)
```

Column

開発PCやサーバーなどGoogle Colaboratory環境以外で実行するには

ここでは、Google Colaboratoryで実行しましたが、リスト3-1に示したプログラムは、開発PCやサーバー上でも、Pythonのプログラムとして（pythonコマンドから）実行できます。

開発PCやサーバー上で実行する場合は、サービスアカウントキーや音声ファイルをローカルに置き、そのファイルのパスを変更するだけです。この場合、ストレージとしてGoogleドライブを使わないため、drive.mountを呼び出すことでの、Googleドライブのマウントは必要ありません。

3.6　Cloud Storageに置いたファイルを変換する例

次に、Cloud Storageに置いたファイルを変換する例を紹介します。

3.6.1　音声ファイルをCloud Storageに配置する

まずは音声ファイルをCloud Storageに配置します。

Cloud Storageバケットの作成

最初に、ファイルの置き場所となるCloud Storageバケットを作成します。

ナビゲーションメニューから［ストレージ］の［Storage］―［ブラウザ］を開いてストレージブラウザを起動し、その画面から［バケットを作成］ボタンをクリックして作成します。具体的な操作方法については、Appendix-Aを参考にしてください。

ここでは「voice-backet-12345」という名前にしますが一意な名称であるため、皆さんは、これと同じ名前を使うことができないはずです。適当な名前で作成してください（**図3-37**）。

図3-37　Cloud Storageバケットを作成する

バケットを作成したら、音声ファイル（ここではvoice.rawファイル）をドラッグ＆ドロップして、アップロードしておきます（**図3-38**）。

図3-38　音声ファイルをアップロードしておく

▌URIの確認

すぐあとに提示するプログラムを見るとわかりますが、Cloud Storageに配置したファイルを
Cloud Speech-to-Textで認識するには、ファイルのURIを渡します。そこで、このファイルのURI
を確認しておきます。

URIは、**図3-38**でファイル（voice.raw）をクリックすると表示される「オブジェクトの詳細」に
記載されています（**図3-39**）。

図3-39　URIの確認

権限の付与

　Cloud Speech-to-Text APIにおいて、Cloud Storageに置かれたファイルを変換するには、Cloud Speech-to-Text APIを実行しているアカウントに対するアクセス権が必要です。

　今回は、**図3-11**（p.64）で「CloudSpeechExampleAccount」というサービスアカウントを作り、このアカウントでCloud Speech-to-Text APIを実行しています。つまり、このアカウントが、Cloud Storageに配置した音声ファイルにアクセスする権限を持たなければならないということです。
　権限の設定にはいくつかの方法がありますが、ここでは次のように操作して権限を付与します。

┃手順┃ 権限の付与

[1]　サービスアカウントの確認

　ナビゲーションメニューから［APIとサービス］―［認証情報］をクリックし、認証情報一覧を開きます。作成したサービスアカウントの「メール」の値をコピーして控えておきます（**図3-40**）。

図3-40　メールの値をコピーして控えておく

[2]　権限の設定画面を開く

　Cloud Storageの画面（**図3-36**：［Storage］―［ブラウザ］でストレージブラウザを開き、バケットをクリックした画面）で、権限を設定したいファイルの右側の［...］ボタンから［権限の編集］を選択します（**図3-41**）。

ここではファイルに対して権限を付与していますが、バケットの [権限] をクリックして、バケット全体に権限を与えてもかまいません。

図3-41　権限の設定画面を開く

[3]　エントリを追加する

　[エントリを追加] ボタンをクリックして入力欄を増やし、[エンティティ] には [User] を選択し、[名前] には、手順 [1] で控えておいたサービスアカウントを入力します。[アクセス] は、読み取るだけでよいので [Reader] とします。設定したら [保存] ボタンをクリックして保存します（図3-42）。

図3-42　権限のエンティティを追加する

3.6.2　Cloud Storageに置いたファイルを変換するプログラム

　以上で準備ができました。Cloud Storageに置いたファイルを変換するプログラムを、リスト3-2に示します。リスト3-2では、3行目にバケットのURIを記載しています。実行する際には、図3-39で確認したURIに置き換えてください。

　Google Colaboratoryで［＋コード］をクリックすることで、セルを追加して、リスト3-2のプログラムを入力して実行してください。実行結果は、先のリスト3-1のときと同じです（図3-43）。

　リスト3-2とリスト3-1との違いは、5行目で音声データを作るところです。リスト3-1では、読み込んだバイナリデータをcontentとして渡していましたが、Cloud Storageに置いた場合は、uriパラメータに、バケットに置いたファイルのURIを設定します。ほかの部分は変わりません。

```
audio = speech.RecognitionAudio(uri = uri)
```

>リスト3-2　Cloud Speech-to-Text APIでCloud Storageに置いたファイルを変換する例

```python
from google.cloud import speech
# バケットに置いたURIに置き換えてください
uri = "gs://バケット名/ファイル名"
# 1. 与える音声データを生成する
audio = speech.RecognitionAudio(uri = uri)
config = speech.RecognitionConfig(
    encoding=speech.RecognitionConfig.AudioEncoding.LINEAR16,
    sample_rate_hertz=16000,
    language_code="ja-JP",
)
# 2. Cloud Speech-to-Text APIを呼び出す
client = speech.SpeechClient()
response = client.recognize(config=config, audio=audio)
# 3. 結果を取得して表示する
for result in response.results:
```

```
# 戻り値は、いくつかの配列で先頭から順に、もっとも確からしい文字列
print(result.alternatives[0].transcript)
```

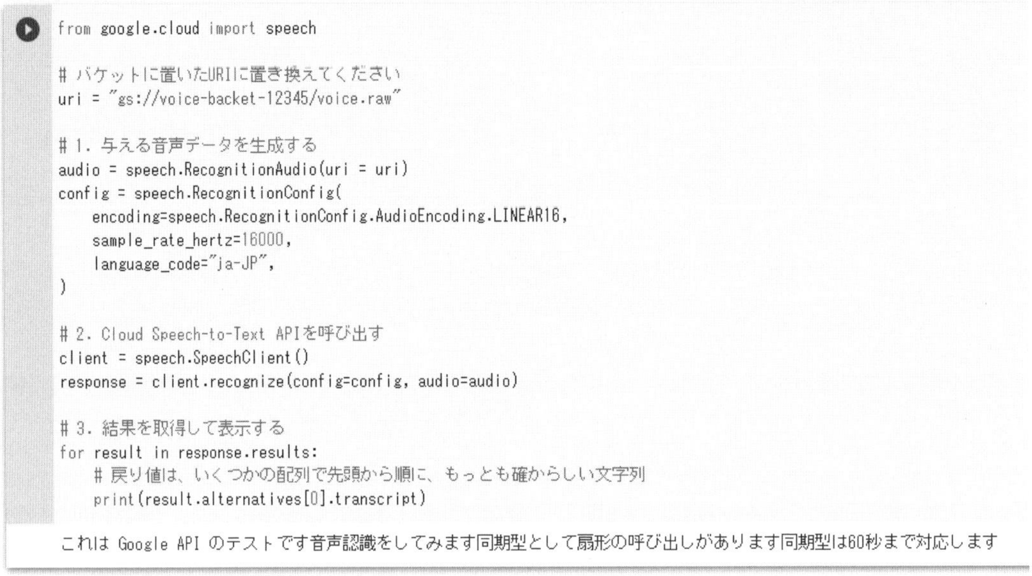

```
from google.cloud import speech

# バケットに置いたURIに置き換えてください
uri = "gs://voice-backet-12345/voice.raw"

# 1. 与える音声データを生成する
audio = speech.RecognitionAudio(uri = uri)
config = speech.RecognitionConfig(
    encoding=speech.RecognitionConfig.AudioEncoding.LINEAR16,
    sample_rate_hertz=16000,
    language_code="ja-JP",
)

# 2. Cloud Speech-to-Text APIを呼び出す
client = speech.SpeechClient()
response = client.recognize(config=config, audio=audio)

# 3. 結果を取得して表示する
for result in response.results:
    # 戻り値は、いくつかの配列で先頭から順に、もっとも確からしい文字列
    print(result.alternatives[0].transcript)
```

これは Google API のテストです音声認識をしてみます同期型として扇形の呼び出しがあります同期型は60秒まで対応します

図3-43　リスト3-2を実行したところ

Column

後始末

　以上でCloud Speech-to-Text APIの体験は終わりです。このままさらに体験する予定がないなら、プロジェクトを削除して、不要な課金がかからないようにしましょう。その方法については、「1.7　プロジェクトの削除」を参照してください。またGoogleドライブに置いたファイルやGoogle Colaboratoryで作成したプロジェクトも削除してかまいません。

3.7　Cloud Speech-to Text APIのまとめ

　本章では、Cloud Speech-to-Text APIを、PythonのGoogle Cloudクライアントライブラリから利用する方法を紹介しました。

　ここで解説した内容の「APIの有効化」「サービスアカウントの作成」の部分は、基本的に他の機械学習APIを利用する際にも共通です。機械学習APIはそれぞれを個別に使うこともできますし、複数を組み合わせることで様々なユースケースに対応できます。

　図3-44は、音声認識と自然言語処理のAPIを組み合わせた例です。音声データをCloud Speech-to-Textでテキストデータに変換し、「Cloud Natural Language API」で構文解析や分かち書きをした後、データウエアハウスである「BigQuery」に解析可能な形で保存し、データを活用します。

Cloud
Speech-to-Text

Cloud Natural
Language API

BigQuery

図3-44　音声認識データの解析

　図3-45は、音声データをCloud Speech-to-Textでテキストデータに変換し、「Cloud Translation API」で他の言語に翻訳する例です。これをさらに「Cloud Text-to-Speech」で音声データに変換すれば、音声翻訳機能を実装できます。
　このように、用途に合わせてAPIを組み合わせれば、様々なサービスの提供が考えられます。

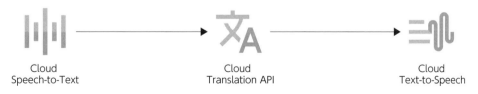

Cloud
Speech-to-Text

Cloud
Translation API

Cloud
Text-to-Speech

図3-45　APIの組み合わせで音声翻訳機能を実現する

　ここではCloud Speech-to-Text APIを取り上げましたが、ほかの機械学習APIについては、Google Cloudの各機械学習APIのWebサイトに多数のサンプルコードが掲載されているので、参考

にしてください（**表3-2**）。

機械学習 API	サンプルコードの URL
Cloud Vision API	https://cloud.google.com/vision/docs/samples?hl=ja
Cloud Video Intelligence API	https://cloud.google.com/video-intelligence/docs/samples?hl=ja
Speech-to-Text API	https://cloud.google.com/speech-to-text/docs/samples?hl=ja
Text-to-Speech API	https://cloud.google.com/text-to-speech/docs/samples?hl=ja
Cloud Natural Language API	https://cloud.google.com/natural-language/docs/samples?hl=ja
Cloud Translation API	https://cloud.google.com/translate/docs/samples?hl=ja

表3-2　機械学習APIのサンプルコードページURL（2021年4月時点）

4

第4章

Cloud AutoML で機械学習を体験する

この章では、Google Cloudの機械学習（Machine Learning：
ML）ツールである「Cloud AutoML」を取り上げます。

Cloud AutoMLは、機械学習の専門知識が十分になくても、ビ
ジネスニーズに合った高品質なモデルを構築できるサービス群で
す。

4.1 AutoMLの特徴と活用できる場面

AutoMLでは、モデルのトレーニング（学習）や評価、改善、デプロイを、GUIを通じて数クリックで実行でき、目的に応じたオプション設定をすれば独自の機械学習モデルを作成できます。

2021年4月時点で、Cloud AutoMLには以下の種類があります。

- AutoML Vision: 画像分析
- AutoML Video Intelligence: 動画分析
- AutoML Natural Language: 自然言語処理
- AutoML Translation: 翻訳
- AutoML Tables: 構造化データの分析

AutoMLの大きな特徴は、従来人間が多くの工数を割いてきたデータの前処理やパラメーターチューニング、モデル選択、アンサンブル（複数モデルの組み合わせ）などを自動化することです。AutoMLは、以下の条件が満たされている場合に向いています。

- データを自前で準備できる
- 1時間以上の学習時間を許容できる
- 機械学習モデル開発の工数をできるだけ削減しながら、一定水準を満たす精度のモデルを作成したい

一方、以下のようなケースには向いていません。

- モデル設計やハイパーパラメーター（トレーニングやモデルに関するさまざまな設定値）のチューニングを自分で行いたい
- 結果を数秒〜数分で得たい
- データが少数しかない（例えば構造化されたデータの場合、1000件以下しかない）

AutoMLを利用する際は、自社の状況や用途に適しているかをよく見極めることが重要です。

4.2　AutoML Tablesを使ってタクシーの乗車料金を予測する例

　以下の操作では例として、Google Cloud トレーニング（https://cloud.google.com/training）においてBigQueryデータとして提供されている「ニューヨークのタクシー乗降データ」を使います。

　このデータには、ニューヨークのタクシーについて、「乗車日時」「降車日時」「距離」「乗車人数」「乗車料金」などが記録されています。このデータをAutoML Tablesで処理し、「乗車料金」を予測するモデルを作っていきます（**図4-1**）。

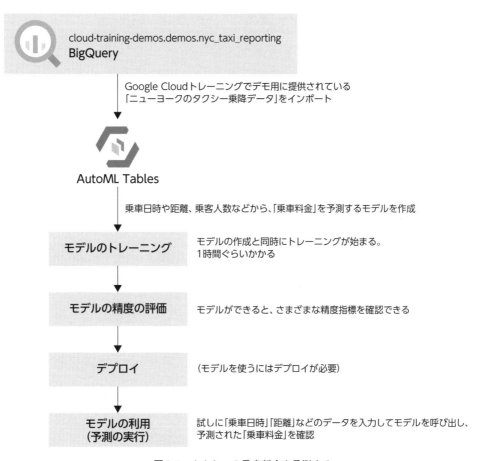

図4-1　タクシーの乗車料金を予測する

4.4.1　プロジェクトの作成とAPIの有効化

　まずはプロジェクトを作成しておきましょう。「1-4　プロジェクトの作成」で説明した手順で、プロジェクトを作成しておきます。ここでは「automl-example」という名前にしておきます（**図4-2**）。

[メモ]　本書では、2021年4月時点のメニューや画面で説明しており、最新版では表記が異なる可能性があります。また記載されている仕様や料金が変更されることもあります。

図4-2 プロジェクトを作成する

　そしてAutoMLのAPIを利用できるようにします。Google Cloudコンソールの［APIとサービス］から［ライブラリ］を選択し、「Cloud AI Platform API」を有効化します（**図4-3**）。

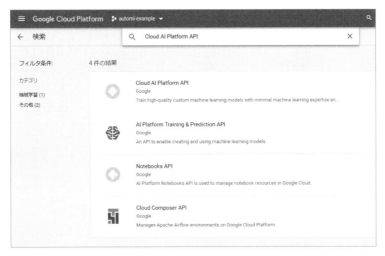

図4-3　「Cloud AI Platform API」を有効化する

4.4.2　データセットにデータをインポートする

次にデータセットを開き、「ニューヨークのタクシー乗降データ」をインポートします。

手順 **データセットを開いて「ニューヨークのタクシー乗降データ」をインポートする**

[1] データセットを開く

ナビゲーションメニューから［人工知能］―［AI Platform（統合型）］―［データセット］を開きます（**図4-4**）。

図4-4　データセットを開く

[2] 新しいデータセットを作成する

　データセットの一覧画面が表示されます。[作成] ボタン（または [データセットを作成] ボタン）をクリックして、データセットを作成します（**図4-5**）。

図4-5　データセットを作成する

[3] 表形式のデータセットを作る

さまざまなデータセットがありますが、［表形式］タブの［回帰／分類］を選択します。これが、AutoML Tablesに相当します。データセット名は何でもよいですが、ここでは「nyc_taxi_reporting」として［作成］をクリックします（**図4-6**）。

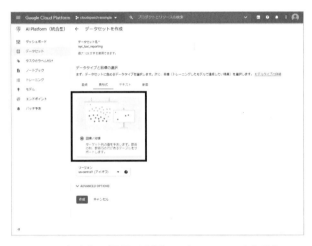

図4-6　表形式の［回帰／分類］のデータセットを作成する

[4]BigQueryからデータをインポートする

データセットが作成され、データを追加する画面が表示されます。ここではBigQueryからデータをインポートするため、［テーブルまたはビューをBigQueryから選択］を選択します。

するとBigQueryテーブルの入力欄が現れるので、「cloud-training-demos.demos.nyc_taxi_reporting」と入力し、［続行］ボタンをクリックします（**図4-7**）。これはデモ用の「ニューヨークのタクシー乗降データ」です。

> **［メモ］**　cloud-training-demos=プロジェクトID、demos=データセットID、nyc_taxi_reporting＝テーブルまたはビューのIDです。

図4-7 「ニューヨークのタクシー乗降データ」（cloud-training-demos.demos.nyc_taxi_reporting）を読み込む

[5] データ読み取りの完了

　データの読み取りが完了し、統計情報が表示されます（**図4-8**）。このデータには、ニューヨークのタクシー乗降に関するさまざまな情報が含まれており、全部で16列のデータがあります。

図4-8　データの読み取りが完了した

4.4.3　モデルを作成してトレーニングする

では、このデータを使った機械学習モデルを作成し、トレーニングします。

　機械学習モデルとは、簡単に言うと、何らかの入力値（群）から、出力値（群）を予想する関数のことです。予測の基となる入力値は、「特徴量」や「説明変数」「パラメーター」と呼びます。予想する出力値は、「目的変数」や「ターゲット」と呼びます。

　今回は「ニューヨークのタクシー乗降データ」に含まれる、さまざまなデータから、タクシーの乗車料金を予想したいと思います。乗車料金は「total_amount」という列に格納されており、これを「目標変数」（ターゲット）として設定します。残りの列は「説明変数」（パラメーター）として設定してモデルを作ることにします（**図4-9**）。そしてこれをトレーニング（学習）していきます。

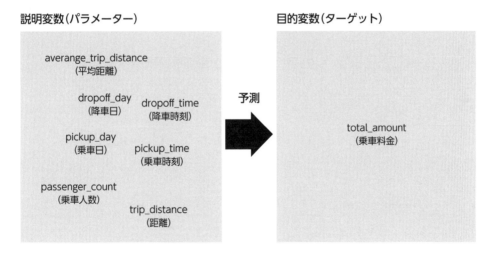

図4-9　説明変数（パラメーター）と目標変数（ターゲット）

では、実際に進めていきます。次のように操作します。

［メモ］　モデルのトレーニングは1時間程度かかり、課金されます（ただし90日300ドルの無料クレジットに収まる金額です）。実際に作業を進める前に、下記手順を一通り読んでから手を付けてください。

手順　モデルを作成する

［1］新しいモデルをトレーニングする

作成したデータセット右上の［新しいモデルをトレーニング］をクリックします（**図4-10**）。

［メモ］	この画面を閉じてしまっているのなら、［トレーニング］メニューを開き、［作成］をクリックします。

図4-10　新しいモデルをトレーニングする

［2］トレーニング方法を選択する

まずはトレーニング方法を選択します。［Dataset］はデータセットです。選択したデータセットが自動で選択されているはずです。

［Objective］は予想の種類です。［Classification］（分類）と［Regression］（回帰）があります。予想する値が離散値（わかりやすく言うと、「0＝男性」「1＝女性」などのラベル値）のときは前者、そうではなく連続量のときは後者を選択します。ここでは乗車料金という連続量を扱うので、［Regression］を選択します。

トレーニング方法には［AutoML］を選択し、［続行］をクリックします（**図4-11**）。

図4-11　トレーニング方法を選択する

[3] モデル名とターゲット列を設定する

　［Model name］の部分に「モデル名」を設定します。どのような名前でもかまいませんが、ここでは「nyc_taxi_reporting_model00」としました。

　そして［Target column］の部分で、ターゲット（目標変数）となる列を指定します。乗車料金が格納されている「total_amount」を選択して［続行］をクリックします（**図4-12**）。

図4-12　モデル名とターゲット列を設定する

[4] パラメータを設定する

　パラメータ列（説明変数）を選択します。初期状態では、すべての列が選択されているので [-]
ボタンをクリックして、**表4-1**に示す以外の列を削除してから、[続行] ボタンをクリックしてくだ
さい（**図4-13**）。

> **[メモ]**　最下部の [ADVANCED OPTIONS] を選択すると、値が極端に違う「外れ値」の扱いなどの処
> 理をカスタマイズできます。

列名	意味
averange_trip_distance	平均距離
dropoff_day	降車日
dropoff_time	降車時刻
passenger_count	乗車人数
pickup_day	乗車日
pickup_time	乗車時刻
total_amount	（ターゲット）
trip_distance	距離

表4-1　選択するパラメータ列

図4-13　パラメータを選択する

[5] トレーニングに費やす時間の設定

　トレーニングに費やす時間を設定します。これは課金にも関わります。AutoML Tablesの学習には、1ノード時間あたり19.32ドルが課金されます（2021年4月時点）。最大72ノードまで指定できますが、ここでは最小の「1」を設定します（**図4-14**）。

　それほど複雑な問題設定やデータでなければ、1ノード時間だけでも期待した指標に近いモデルを作成できる場合もあります。例えば、データに対して何らかの業界知識を持っており、ターゲット列に影響していそうな特徴量をデータとして取り込めている場合、比較的短時間のトレーニングでも精度の高いモデルを作成できる可能性が高くなると考えられます。そうでなければ長時間トレーニングしても、精度の高いモデルを作成するのは難しいでしょう。

> **［メモ］**　トレーニングにかかる費用については、「https://cloud.google.com/automl-tables/pricing?hl=ja#training」を参照してください。

図4-14　トレーニングに費やす時間の設定

[6] トレーニングの開始

図4-14の［トレーニングを開始］のボタンをクリックします。すると、トレーニングが始まります。

図4-14の「Budget」の下に小さく表示されている「Estimated completion date」には、トレーニング終了予想時刻が示されています。トレーニングを開始したら、この時刻まで待ちましょう（**図4-15**）。トレーニングはGoogle Cloud側でバックグラウンドで処理されるため、この画面は閉じたり、別の画面に遷移してもかまいません。

なお、トレーニングが完了すると、メールで通知されます。

図4-15　トレーニングが終了するまで待つ

4.4.4　モデルの精度を評価する

1時間程度でモデルのトレーニングが完了します。完了したら、結果を確認してみます。

［トレーニング］メニューから、モデルを学習したトレーニングジョブ（ここではnyc_taxi_reporting_model00）をクリックします（**図4-16**）。

図4-16　該当のトレーニングジョブを選択する

4.4.5　決定係数を確認する

まずは、モデルの精度を確認してみましょう。精度は［評価］タブで確認できます（**図4-17**）。

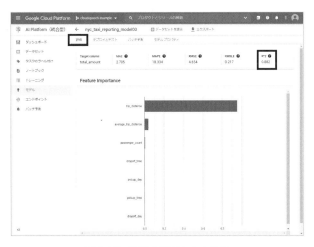

図4-17　評価を表示したところ

ここには、さまざまな回帰分析の評価指標が表示されています。評価の指標のひとつとして、決定係数（R^2）に着目してみます。このトレーニングでは、「0.882」となっています。

決定係数とはモデルの精度を示す指標の1つで、単純に平均値を使って予測した場合と比較してどれくらい精度が高いかを示したものです。1に近いほど当てはまりが良いモデルであると言えます（「0.882」という値は例です。実際には、これと異なる値になることもあります）。

> [メモ]　回帰モデルの評価指標については、「https://cloud.google.com/automl-tables/docs/evaluate ?hl=ja#evaluation_metrics_for_regression_models」を参照してください。

4.4.6　Feature Importanceを確認する

図4-17では、Feature Importanceという部分に列ごとの棒グラフが表示されています。これは説明変数（特徴量）の重要を示します。モデルのトレーニングに寄与した特徴の大きい順に並んでおり、この例では距離に相当する「trip_distance」が、もっともモデルに影響を与えていることがわかります。

4.4.7　トレーニング状況を確認する

モデルのトレーニング状況も確認してみましょう。［モデルプロパティ］タブをクリックし、［モデルのハイパーパラメータ］の［モデル］をクリックします（図4-18）。

するとGoogle Cloudのログ記録サービスである「Cloud Logging」の画面が開き、AutoML Tablesがどのようなモデルをアンサンブルしたのかを参照できます（図4-19）。

図4-18　モデルのハイパーパラメータの［モデル］を開く

図4-19　アンサンブルしたモデルの一部を「Cloud Logging」で展開して表示したところ

4.3　モデルをデプロイする

作成したモデルを使って、遅延時間を予測してみましょう。そのためにはモデルをデプロイします。

手順　モデルをデプロイする

[1] エンドポイントへのデプロイを始める

[デプロイとテスト] タブから [エンドポイントへのデプロイ] をクリックします (図4-20)。

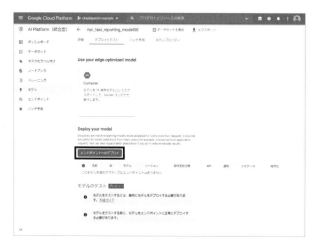

図4-20　モデルをデプロイする

[2] エンドポイント名を決めてデプロイする

[新しいエンドポイントを作成する] を選択し、適当なエンドポイント名を入力します。ここでは「automlexample_api」としました。

[トラフィック分割] では、複数のモデルが単一のエンドポイントにデプロイされている場合に、予測リクエスト・トラフィックを分割する割合を指定します。今回は、このエンドポイントをこのモデルにしか使わないので「100」のまま変更しません。

[コンピューティングノードの最小数] と [コンピューティングノードの最大数 (オプション)] は、エンドポイントへの負荷が高まったときにスケーリングする項目です。最小値と最大値の範囲内で計算ノードが増減します。最大数を省略したときは、常に、最小値の値となります。ここでは [コ

ンピューティングノードの最小数]を「1」、[コンピューティングノードの最大数（オプション）]
を空欄にして、常に「1台」で動作するようにします。

[マシンタイプ]は実行する計算ノードのタイプです。ここでは動作を試すだけなので、最小の
「n1-standard-2」を選択します。ロケーションはデフォルトの[us-central1]のままとします。

これらの項目を入力したら、[デプロイ]ボタンをクリックします（**図4-21**）。デプロイには、10
～15分ほどかかります。

図4-21　エンドポイント名やコンピューティングノード数、マシンタイプを決めてデプロイする

オンライン予測とバッチ予測

AutoMLには、「オンライン予測」と「バッチ予測」があります。オンライン予測は1行分の
データを渡すと、すぐに結果が返ってくる同期型のもの、バッチ予測は複数行のデータを渡す
と非同期型で予測を実行し、その結果をBigQueryやCloud Storageに保存するものです。

次節の「4.4　予測を実行する」で試しているのはオンライン予測です。オンライン予測は、
エンドポイントとして構成されてAPIとして動き、利用する際は、このエンドポイントをHTTP
(HTTPS) 経由で呼び出します。呼び出し方は、エンドポイントの [API] の欄の [リクエストの
例] をクリックすると確認できます。

▌4.4　予測を実行する

モデルのデプロイが完了すると、同ページ下の「モデルのテスト」の項目に、さまざまなデータを入力して、実際に予測ができるようになります。

4.4.1　予測の実行

既定でサンプルの特徴量が入力されているので、そのまま画面左下の［予測］をクリックしてみましょう（**図4-22**）。すると数秒後、予測値が**図4-23**のように表示されます。

図4-22　サンプルの特徴量で予測する

図4-23　予測結果が表示された

4.4.2　結果の考察

　図4-23の「予測結果」に表示されている「11.765923500061035」が、モデルのテストのフォームに入力されている値に対する予測値で、予測のベースラインを示します。つまりここで入力したデータから、乗車料金は約12ドルになると予想されます。

┃ローカル特徴量の重要度

　モデルのテストのフォームをスクロールさせると「ローカル特徴量の重要度」という列があることがわかります。これは、入力した値が、それぞれ予測に、どのように影響したのかを示すものです。

　例えば、**図4-17**の評価から、乗車料金は、距離に相当する「trip_distance」が大きな影響を与えていることがわかっています。実際、このtrip_distanceに、極端に大きな値——たとえば「500」——と入力して予測すると、**図4-24**のように、「ローカル特徴量の重要度」に、「84.21542263031006」といった数値が表示されます。これはtrip_distanceが大きい（距離が長い）影響を受けて料金が増加している傾向を示し、ベースラインの11.765923500061035ドルに、

この84.21542263031006を追加した95.9813461303711ドルが予想結果となります。

　このようにローカル特徴量の重要度を確認することによって、各入力データがベースラインに、どのように影響を与えたかを参照することができます。

図4-24　「trip_distance」に大きな値を入れたとき

ターゲットの漏出に注意

　以上で終了となりますが、実際にAutoMLをビジネスで運用する際には、「ターゲットの漏出」を避けるように注意しなければなりません。「ターゲットの漏出」とは、本来、予測時には知り得ないはずの情報を特徴量に入れてしまう状況を指します。

　例えば、「タクシーに顧客が乗車する前に料金を予測したい」というニーズがあるとします（少し変に思うかも知れませんが、ある時間帯のタクシーの売上予測をしたい場合は、何人の顧客がどのぐらいの距離乗るのか事前にわからないので、こうしたニーズは十分にあります）。乗車前には、「乗車距離」や「乗車人数」はわかりません。こうした特徴量を含めてモデルを作ってしまうのが、ターゲットの漏出です。

　ターゲットの漏出があると、モデルは優れた評価指標を示しますが、実際のデータではパフォー

マンスが悪化する可能性があります。こうしたAutoML使用時のノウハウについては、「AutoML Tables」ヘルプページの「トレーニングデータを作成するためのベストプラクティス」を参照してください（https://cloud.google.com/automl-tables/docs/data-best-practices?hl=ja）。

Column

後始末

　以上でCloud AutoMLの体験は終わりです。このままさらに体験する予定がないなら、プロジェクトを削除して、不要な課金がかからないようにしましょう。その方法については、「1.7　プロジェクトの削除」を参照してください。

4.5　Cloud AutoMLのまとめ

　Cloud AutoMLを使うと、簡単な設定や数クリックの操作で機械学習モデルを作成できることを実感できたでしょうか。

　Cloud AutoMLでは、モデルの詳細をログから確認したり、ローカル特徴量の重要度を確認することで、単に予測をするだけでなく、どのようなモデルが作成されたのかを理解しやすくなっています。

　ここでは数値を予測する回帰の機械学習モデルを作成しましたが、データを分類するモデルも作成できます。分類する場合はターゲット列として、分類するカテゴリーを指定します。手元に分類したいデータがあれば、ぜひ、試してみてください。

第5章

BigQuery ML で機械学習を体験する

この章では、ビッグデータを対象に機械学習する「BigQuery ML」を取り上げます。

BigQuery MLを使うと、SQLクエリーを使って機械学習モデルを作成したり実行したりできます。

5.1 BigQuery MLが対応するモデルと機能

「BigQuery ML」（BQML）は、Google Cloudのデータウエアハウスである「BigQuery」を使い、SQLクエリーを通じて機械学習モデルを作成・実行できる機能です。

慣れ親しんだSQLを活用できるので、複雑なコードを書かずに機械学習を利用できます。また、BigQueryから他のツールにデータを移す必要もないため、モデル開発スピードを向上させることができます。

2021年4月現在、BigQuery MLは以下に示すモデルや機能に対応しています。

・線形回帰（数値予測）
・ロジスティック回帰（分類）
・Matrix Factorization（リコメンデーション）
・XGBoost（回帰、分類）
・DNN（ディープ ニューラル ネットワーク モデル）
・ARIMA（時系列）
・TRANSFORM（前処理）
・AutoML Tables モデルのトレーニング
・TensorFlowモデルのインポート

5.2　Googleアナリティクスの訪問データから顧客をグループ化する例

　例として、BigQueryで一般公開データセットとして提供されている「Googleアナリティクスのウェブサイト訪問データ」を用いて、イベント数やページビュー、サイト滞在時間、売上などの要素に基づいて、訪問ユーザーをグループ化するモデルを作っていきます。モデルにはK-平均法（K-Means）クラスタリングを使い、4つのグループに分けてみます。

　この章における操作の流れを、**図5-1**に示します。

　まず、一般公開データセットを少し加工して、BigQueryのテーブルとして保存します。そしてそのテーブルに対して、2016年8月〜2017年7月のWebサイト訪問データを学習データとして用いるモデルを作ります。そのモデルを使って2017年8月のWebサイト訪問データを予測し、訪問ユーザーが、どのグループに分かれるのかを求めます。

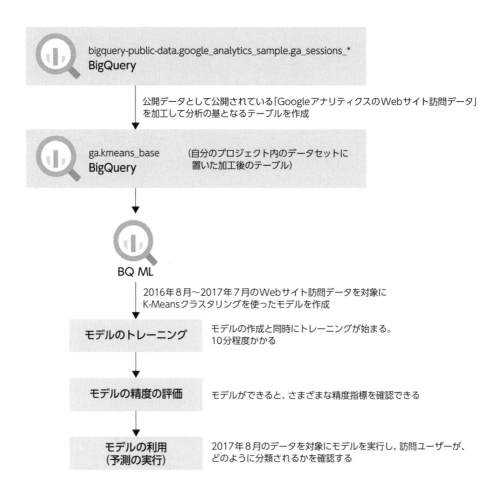

図5-1　以下で説明するBigQuery ML を使った操作の流れ

5.2.1　プロジェクトの作成

　まずはプロジェクトを作成しておきましょう。「1-4　プロジェクトの作成」で説明する手順で、プロジェクトを作成しておきます。ここでは「bqml-example」という名前にしておきます（**図5-2**）。

図5-2　プロジェクトを作成する

5.2.2　分析するWebサイト訪問データの準備

　機械学習で分析対象とするWebサイト訪問データを、前もって準備しておきます。ここでは一般公開データセットとして提供されている「google_analytics_sample」というデータソースを加工して作ることにします。

┃データセットの作成

　まずはデータセットを作成します。

手順　データセットを作成する

[1]BigQueryを開く

　ナビゲーションメニューから［BigQuery］をクリックして開きます（**図5-3**）。

図5-3　BigQueryを開く

[2] データセットの作成を始める

　左側のツリーから自身のプロジェクトをクリックして選択します。[データセットを作成] をクリックして、データセットの作成を始めます（**図5-4**）。

図5-4　データセットの作成を始める

[3] データセットを作成する

　データセットを作成します。ここでは「ga」という名前で作成します。[データセットID] に「ga」と入力して、[データセットを作成] ボタンをクリックします（**図5-5**）。

図5-5　データセットを作成する

▌Webサイト訪問データを含む表を作成する

　このデータセットのなかに、分析対象とするWebサイト訪問データを含むテーブルを作成します。

手順　Webサイト訪問データを含むテーブルを作成する

[1] 表を作成するクエリーを入力する

　クエリーエディタにリスト5-1のクエリーを入力し、[実行] ボタンをクリックします（**図5-6**）。

>リスト5-1　Webサイト訪問データを含むテーブルを作成するクエリー

```
#standardsql
CREATE OR REPLACE TABLE ga.kmeans_base AS
SELECT
  fullVisitorId,
  date,
  channelGrouping,
  deviceCategory,
```

```
   Browser,
   metro,
   CASE
     WHEN hour >= 20 THEN 'Night'
     WHEN hour >= 17 THEN 'Evening'
     WHEN hour >= 12 THEN 'Afternoon'
     WHEN hour >= 6 THEN 'Morning'
     ELSE 'Night' END as time,
   SUM(events) as events,
   SUM(pageviews) as pageviews,
   SUM(IF(rowNum = 1, timeOnSite, 0)) as timeOnSite,
   SUM(IF(rowNum = 1, sales, 0)) as sales
FROM
(
SELECT
   fullVisitorId,
   date,
   channelGrouping,
   device.deviceCategory as deviceCategory,
   device.browser as browser,
   geoNetwork.metro as metro,
   hits.Time,
   hits.hour as hour,
   IF(hits.type='EVENT' AND hits.eventInfo.eventCategory IS NOT NULL,1,0) AS events,
   IF(hits.type = 'PAGE', 1, 0) AS pageviews,
   IF(totals.timeOnSite IS NULL, 0, totals.timeOnSite) AS timeOnSite,
   IF(totals.transactionRevenue IS NULL, 0, totals.transactionRevenue/1000000) AS sales,
   ROW_NUMBER() OVER(PARTITION BY fullVisitorId, visitStartTime ORDER BY hits.Time ASC) AS
rowNum
FROM `bigquery-public-data.google_analytics_sample.ga_sessions_*` AS ga, UNNEST(hits) AS
```

```
hits
)
GROUP BY 1, 2, 3, 4, 5, 6, 7
HAVING sales > 0
```

図5-6　表を作成するクエリーを入力する

[2]kmeans_baseテーブルが作成される

　gaデータセットのなかに、「kmeans_base」という名前のテーブルが作られます（**図5-7**）。

図5-7　kmeans_baseテーブルができた

実行しているSQLは「CREATE OR REPLACE TABLE文」です。これはその後の続くSELECTクエリーの結果をBigQueryのテーブルとして作成する（すでに存在するときは置換する）構文です。

ここで指定しているクエリーには、次の2つのSELECTがあります。二つ目のSELECTのFROMで指定している「bigquery-public-data.google_analytics_sample.ga_sessions_*」が、一般公開データセットとして提供されているGoogleアナリティクスのWeb訪問データです。これをさらに一つ目のSELECTで絞り込んだり集計したりする構造です。

```
CREATE OR REPLACE TABLE ga.kmeans_base AS
SELECT      -- ひとつめのSELECT
…略…
FROM (
  SELECT …略… FROM  -- ふたつめのSELECT
  `bigquery-public-data.google_analytics_sample.ga_sessions_*` AS ga, UNNEST(hits) AS hits
)
GROUP BY 1, 2, 3, 4, 5, 6,7
HAVING sales > 0
```

SELECT文では、「fullVisitorId（訪問者ID）」「date（日付）」など、さまざまなWeb訪問者の列を抽出しています。

7行目にあるCASE文は、条件分岐を表現するための式です。ここでは、Webサイトへの訪問時間（hour）に応じて「Night」「Evening」「Afternoon」「Morning」の4つの時間帯を割り当てています。その後には、SUM(events)、SUM(pageviews)などのSUM関数がありますが、これらは総和を求める関数です。

ふたつめのSELECTクエリーの「IF (hits.type＝'EVENT' …, 1, 0)」に着目してください。IFは「IF (条件式, 真のときの値, 偽のときの値)」という構文で用いる式で、この例では、hits.typeが「EVENT」という値のときに「1」、そうでなければ「0」が設定されます。

　Googleアナリティクスでは、ユーザーの操作を「ヒット」という単位で扱います。その操作の種類を表す値が、ここで参照している「ヒットタイプ」（hits.type）です。つまりこの式は、ヒットタイプが「EVENT」ならば「1」とする（イベントのヒットとしてカウントする）という処理を実行しています。

　最後の2行は、集計のために「GROUP BY」でグループ化し、「HAVING」句で「sales」の値が「1」以上の行（売り上げがあったヒット）だけ対象とする、という処理です。

　少し複雑ではありますが、このようにBigQueryを使うと、特徴量の生成やデータの前処理もSQLだけで実行できます。

Column

「標準SQL」と「レガシーSQL」

　歴史的な理由から、BigQueryには、SQLの書き方として、BigQuery独自構文に準拠した「レガシーSQL」と、標準のSQLに準拠した「標準SQL」があります。新しく開発する場合は、標準SQLを使うことが推奨されています。

　どちらの書き方をするのかは、クエリーエディタで「#legacySQL」や「#standardSQL」と書くことで切り替えます。リスト5-1の1行目には「#standardSQL」と書いているので、このクエリーは標準SQLです。

5.3 モデルを作成してトレーニングする

　分析対象のデータができたところで、このデータをクラスター分析するモデルを作りましょう。モデルはSQLを入力することで作ります。モデルを作れば、自動的にトレーニングも始まります。

手順　モデルを作成してトレーニングする

[1] モデルを作るクエリーを実行する

　クエリーエディタにて［クエリーを新規作成］をクリックして、新しいクエリーを入力できるようにします。リスト5-2に示すクエリーを入力して［実行］ボタンをクリックします（**図5-8**）。

>リスト5-2　モデルを作成するためのクエリー

```
CREATE OR REPLACE MODEL ga.kmeans_model
OPTIONS (model_type='kmeans', num_clusters=4, standardize_features = TRUE) AS
SELECT * EXCEPT(fullVisitorId, date, sales)
FROM ga.kmeans_base
WHERE date BETWEEN '20160801' AND '20170731'
```

図5-8　モデルを作るクエリーを実行する

[2] モデルが作られた

　するとモデルが作られます。トレーニングも兼ねるため、モデル作成には数分要します。モデルの作成が終わると、**図5-9**のように「kmeans_model」という名前のモデルが作られます。

図5-9　モデルができた

　リスト5-2に示したように、モデルはCREATE MODEL文を使って作ります（ここでは「OR REPLACE」を指定しているので、同名のモデルがすでに存在するときは置き換えられます）。

　モデル名には任意の名称を指定できます。ここでは「kmeans_model」という名前にしています。

　OPTIONS にはモデルの種類（今回は「kmeans」）と、クラスター数（分割するグループ。ここでは「4」を指定しているので4つに分類される）を指定します。「standardize_features ＝ TRUE」は、データごとの値の範囲（スケール）を合わせるための標準化を実行するオプションです。

　その後に続くSELECT文で、トレーニングするデータを指定します。ここではWHERE句に記述した通り、「2016年8月1日から2017年7月31日まで」のサイト訪問データを対象としました。そしてEXCEPT句で（）内の列以外のデータを抽出しています。

　このようにBigQuery MLは、とてもシンプルなSQLクエリーで操作できます。

5.4 モデルの精度を評価する

　モデルができたら、そのモデルをクリックしてみましょう。するとモデルのIDや作成日などの情報が表示されます（**図5-10**）。

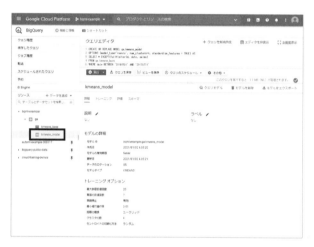

図5-10　作成されたモデルを確認する

5.4.1 学習状態の確認

　ここで［トレーニング］タブをクリックすると、学習の状態を確認できます。学習が進むにつれて、どのぐらい損失（予測の精度の低さを数値化したもの）が減少したかを参照できます（**図5-11**）。

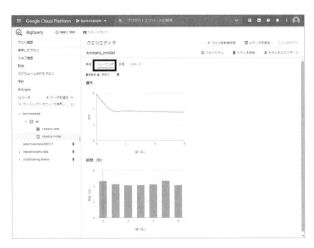

図5-11　トレーニング結果を確認する

5.4.2　評価の確認

　［評価］タブを開くと、「セントロイドID」と呼ばれるグループ番号のようなIDごとに、各クラスターに振り分けられたデータがどのような特徴を持っていたかを確認できます（**図5-12**）。

　ここでは4種類のクラスターに分割したため、セントロイドIDも4個あります。例えば、**図5-12**の数値特徴から、セントロイドID「1」のクラスターがイベント数、ページビュー、滞在時間ともに圧倒的に値が大きいのが分かります。この層は、例えばECサイトの優良顧客のような位置付けと考えられます。

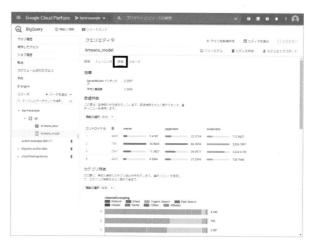

図5-12　評価を確認する

5.5　モデルを使って予測する

　モデルができたところで、このモデルを使って、サイト訪問ユーザーのデータをクラスタリング（分類分け）してみましょう。ここでは2017年8月のサイト訪問者ユーザーをクラスタリングしてみます。

手順　クラスタリングを実行する

[1] モデルを実行する

　モデルを使って予測するためのクエリーを実行します。クエリーエディタにて［クエリーを新規作成］をクリックして、新しいクエリーを入力できるようにします。リスト5-3に示すクエリーを入力して［実行］ボタンをクリックします（**図5-13**）。

> リスト5-3　モデルを実行するクエリー

```
#standardsql
SELECT
  * EXCEPT(nearest_centroids_distance)
FROM
  ML.PREDICT( MODEL ga.kmeans_model,
    (
      SELECT * EXCEPT(fullvisitorId, date, sales)
      FROM ga.kmeans_base
      WHERE date BETWEEN '20170801' AND '20170830'
    ) )
```

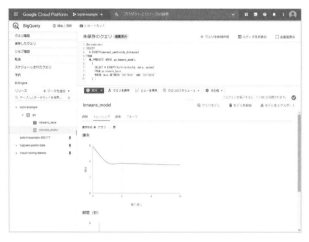

図5-13　モデルを使った予測するクエリーを実行する

[2] 結果が表示される

　図5-14に示すように結果が表示されます。「CENTROID_ID」が、その行が、どのクラスター（ここでは4つに分割しているので1〜4のいずれかの値）に分類されたのかを示す列です。

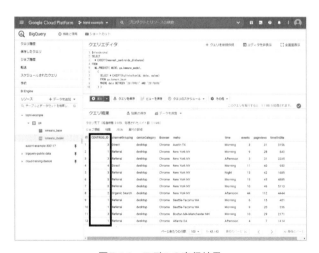

図5-14　モデルの実行結果

モデルを使って予測を実行するには、リスト5-3に示したように「ML.PREDICT」の中にモデル名を指定し、結果を抽出します。

例えば、「CENTROID_ID」（セントロイドID）が1に振り分けられたユーザーの情報を見ると、「events」「pageviews」「timeOnSite」ともに他のユーザーよりも高く、モデルの評価で参照した傾向と一致していることが分かります。このように、BigQuery MLを使うことで、未知のデータからWebサイト訪問者の傾向を簡単にクラスタリングできることがわかるかと思います。

Column

データポータルで調べる

表形式だとわかりにくい場合は、データポータルを使うとよいでしょう。[データを探索]から［データポータルで調べる］をクリックすると起動できます（**図5-15**）。

データポータルでは、さまざまなグラフを描けます。たとえば「バブルチャート」を選ぶと、**図5-16**のように、4つのクラスターが、どの程度の値をとり、どのくらいの規模なのかを確認できます。

図5-15　データポータルで調べる

図5-16　バブルチャートで確認したところ

5.6 AutoML TablesとBigQuery MLの使い分け

前章で取り上げたAutoML Tablesと異なり、BigQuery MLでは、わずか数分でモデルを作成できます。1000行以下の小規模データにも対応しているので、手元のデータで手軽にモデルを作成したいときに向いています。

一方、「時間がかかってもよいから大量データで一定の精度のモデルを作りたい」「SQLクエリーは書きたくない」という場合は、AutoML Tablesが向いています。

例えば100万行程度以下の規模のデータであれば、BigQuery MLでもAutoML Tablesと比較してそれほどモデルの精度は変わらないこともあります。用途に合わせて両者を使い分けてください。

第6章

Cloud AI の導入・運用時に 心得ておくべきこと

これまでCloud AIの特徴を押さえた上で、実際に各サービスを使って何ができるかを見てきました。

この章ではまとめとして、実際にこれらのサービスをどのようにプロジェクトに導入するのかを考えます。製造業を例に、Cloud AIの運用方法についても紹介します。

6.1　機械学習プロジェクトの流れ

　これまで紹介してきた機械学習APIやAutoMLといったCloud AIのサービスは、「モデルを使う」「モデルを作る」という機械学習のコアな部分を担う機能を提供しています。しかし機械学習を使ったシステムを開発し、運用するには、コア機能以外との連携も必要です。

　例えば機械学習にはデータが必要不可欠ですが、このデータはどこからどのように取得するのでしょうか。必要なのはモデル作成時の学習データだけではありません。出来上がったモデルを使って何かを推論させるときにも、推論の材料となるデータが必要です。

　取得したデータはそのままではモデルに入力できない場合が多いので、データを整形・加工する前処理も必要です。運用中にモデルの精度が低下することもあるので、精度を監視したり、再度、学習し直したりする仕組みも必要になるでしょう（**図6-1**）。

データの
取り込み
(Ingest data)　データの
準備
(Prepare)　データの
前処理
(Preprocess)　AIサービスの
探索
(Discover)　開発
(Develop)　学習
(Train)　テスト・分析
(Test & Analyze)　デプロイ
(Deploy)

図6-1　機械学習の流れ

　このように機械学習を使ったシステムを運用するには、モデルを使う・作るだけでなく、そのほかにもたくさんの仕組みや作業が求められます。

　最近では、このようなモデルの作成と運用をセットに考えた手法として「MLOps」という用語が使われています。新しい用語のためまだ定義は固まっていませんが、ソフトウエアの開発・運用の連携を表す「DevOps」を、機械学習（ML）の開発と運用に拡張した考え方として捉えるとよいでしょう。

　この一連の流れのそれぞれで、Google Cloudのサービスを利用できます（**図6-2**）。本書ではサービス名の紹介のみにとどめますが、いずれも手軽に使えます。本書を読み終わった後にさらに幅を広げて学びたい場合は、Google Cloudのこれらのサービスに触れてみるのもよいでしょう。

[Google CloudのAI Platform]
https://cloud.google.com/ai-platform/

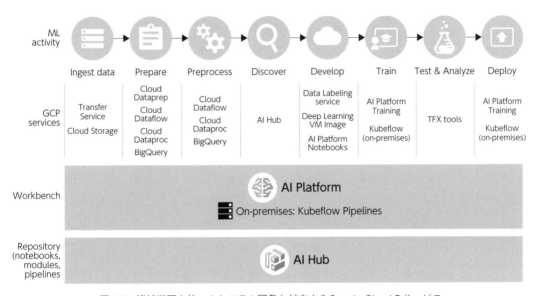

図6-2　機械学習を使ったシステム開発と対応するGoogle Cloudのサービス

6.2 製造業での活用事例

　ここからは、実際の活用事例を基に、機械学習プロジェクト全体の流れや構成を見ていきましょう。ここでは、製造業を例に取り上げます。

6.2.1　外観検査に機械学習を導入する

　製造業でも他の業種と同じく、機械学習の活用が広がっています。中でも事例が多いのが、製造業にとって重要なテーマである外観検査です。外観検査とは、製品の製造工程で発生する、見た目の欠陥（傷や穴、変色など）を検査することです。この検査工程では、専用の検査機器を使ったり作業者が目視で確認したりします。

　外観検査への機械学習の導入が進んでいる大きな理由が、タスクが明確であることです。外観検査の場合、機械学習が担う仕事が「欠陥を画像から判別すること」であると、はっきり定義できます。

　実は多くのプロジェクトにおいて、機械学習で何をするのかが明確に定義できなかったり、よくよくタスクを整理したら機械学習でなくてもよいことが分かったりといったことが起こっています。これに対して外観検査では、機械学習が担うタスクが明確です。さらに外観検査は製造工程のうちコアな部分であり、機械学習導入による効果も高いので活用が進んでいるというわけです。

6.2.2　AutoML Visionを用いた外観検査のシステム構成例

　この外観検査を機械学習で行う場合のシステム構成を見ていきましょう。ベルトコンベヤーを流れる製品が検査工程の箇所にやってきたらカメラなどで外観を撮影します。撮影された画像は、Google Cloudのストレージサービス「Cloud Storage」に送信し蓄積します。

　次にこの蓄積した画像を使ってモデルを作ります。画像から判断するため、機械学習サービスの中でも「Vision API」か「AutoML Vision」が候補になります。外観検査で検出したい欠陥は、「犬」「猫」のように一般的な存在ではなく、製造工程ごとに異なると考えられます。そこで独自のモデルが作成できるAutoML Visionを使います（**図6-3**）。

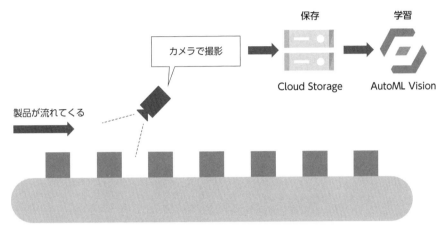

図6-3　外観検査で機械学習を活用する際の学習までの流れ（一例）

　AutoML Visionの場合、読み込み可能な画像データであれば特に前処理をする必要がありません。このため、**図6-2**で記載したフローのいくつかは省略できます。またここではカメラで撮影した画像をCloud Storageに直接アップロードしていますが、より厳密な制御が必要な場合は、メッセージングサービスの「Cloud Pub/Sub」などを介して保存する方法もあります。

　次にCloud Storageに保存された画像を使ってモデルを作成（学習）します。AutoML Visionでは、画像1つずつにラベル（画像が持つ意味）を付与していくだけで学習データの準備が完了します。あとは学習ボタンを押して待つだけでモデル作成が完了します。

6.2.3　学習に使うデータセットを管理する

　ここで1つ、AutoML Visionの機械学習のプロジェクトを運用する上で便利な機能を紹介します。学習に使うデータの管理機能です。

　AutoML Visionでは、画像データとそのラベルをひとまとまりにした単位をデータセットと呼んでいます。例えばクッキーの外観検査であれば、正常なクッキーや割れたクッキーの画像があり、それぞれに「正常」「割れ」「欠け」などのラベルを付けたものがデータセットになります。同じくチョコレートの外観検査をしたければ、新たにチョコレートのデータセットを作って、画像とラベ

ルを付加します。

　モデルは、1つのデータセットに対して1つまたは複数作ることができます。例えば最初に4ノード（ノードとは、機械学習に使うコンピューティングリソースの単位）で学習したモデルを「ver1」としたとします。それにノードを追加して6ノードで学習したモデル「ver2」がある、といった具合です。

　またデータセットを「クッキー」と「チョコレート」で分けましたが、新しいラインで製造したクッキーがほんの少し色味が異なり、既存のモデルではやや精度が劣るといった場合もあるでしょう。その場合は「クッキー」のデータセットに新たにデータを追加した「クッキー2020」というデータセットを作ることもできます（**図6-4**）。

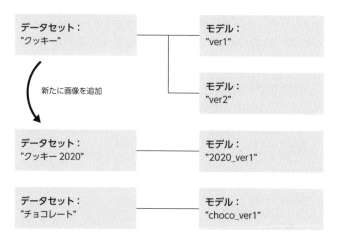

図6-4　データセットとモデルを対応づけて管理できる

　この仕組みが便利なのは、「モデルとデータが対応づけられている」ことと、「モデルがロールバックできる」ことです。どのデータで学習したのか分からなくなると、何か不具合が起きたときに原因究明ができなくなります。またロールバックできれば、いったん安定していたバージョンで時間稼ぎをすることも可能です。

6.2.4　出来上がったモデルをエッジ向けに保存する

　AutoML Visionで学習したモデルを実際に検査に利用するには、モデルの推論結果を返すサービスを構築する必要があります。これもAutoML Visionの中に機能として含まれています。

　また今回の例のように推論のスピードやレイテンシー（遅延）の少なさが重要な場合は、クラウドではなく端末（エッジ）側での推論も考慮するとよいでしょう。AutoML Vision Edgeでは、エッジ側での推論用にモデルを保存できます。一般的な「SavedModel」形式や、Edge TPU（Googleが開発するエッジ向けTPU）での推論が可能な「TensorFlow Lite」形式での出力が可能です。出来上がったモデルは、エッジ端末の管理サービスである「Cloud IoT Core」を使って各デバイスに配信・通知できます（**図6-5**）。

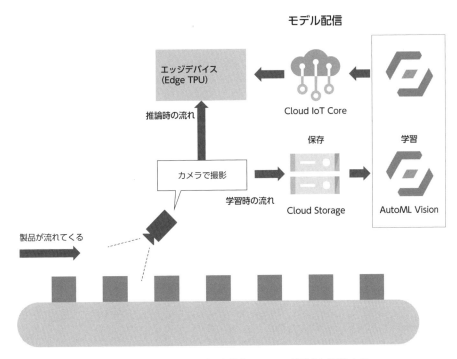

図6-5　出来上がったモデルを保存し、エッジ端末に配信する

6.3 まとめ

　この章では締めくくりとして、機械学習プロジェクトの流れと、製造業を例にCloud AIの運用方法を紹介しました。

　実際にはより細かいアーキテクチャーを考える必要がありますが、機械学習を運用する上での重要なポイントである「データの流れを作る」「モデルを管理する」の2点が理解できたのではないかと思います。

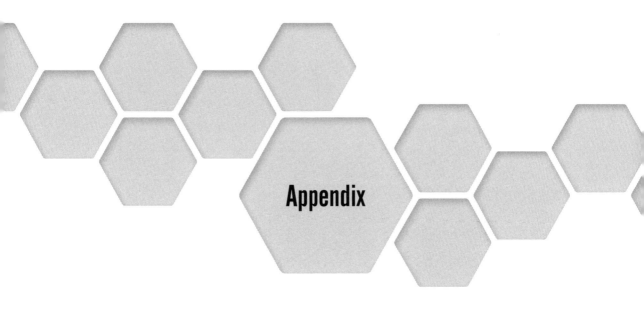

Appendix

付録

Google Cloud Platform

Cloud Storageのバケットを作成する

GoogleのCloud Storageは汎用的なストレージサービスです。データ（ファイル）を置くためのバケットを作るには、次のようにします。

手順 Cloud Storageバケットを作成する

[1] ストレージのブラウザを開く

ナビゲーションメニューから、［ストレージ］の［Cloud Storage］ ― ［ブラウザ］を開きます（**図 A-1**）。

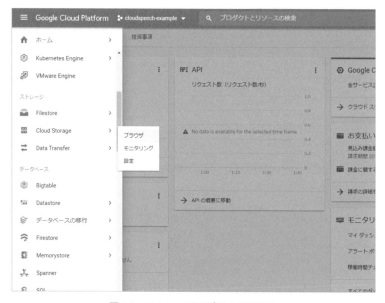

図A-1　ストレージのブラウザを開く

[2] バケットを作成する

バケットの一覧が表示されます。[バケットを作成] をクリックします（**図A-2**）。

図A-2　バケットを作成する

[3] バケットを設定する

バケットに名前を付けたり、保存場所、ストレージクラスを設定します。

[a] バケット名

バケット名を入力します。任意の名前でかまいません。ここでは仮に「example-bucket-13579」とします。ただしバケットの名前は、他のユーザーも含めて一意な名称でなければなりません。もし「そのバケット名はすでに使われています。別の名前をお試しください。」という表示が出たときは、名前を変えてやり直してください。

バケット名の入力が終わったら、[続行]をクリックしてください。

図A-3　バケット名の入力

[b] データの保存場所の選択

　データの保存場所とするリージョンを選択します。どこでもかまいませんが、ここでは［Region］を選択し、ロケーションとして［us-central1（アイオワ）］を選択します。残りの設定は既定のまま省略します。［作成］ボタンをクリックしてください（**図A-4**）。

> **[メモ]**　ロケーションタイプはレイテンシと可用性に影響します。ここで選択している［Region］は、単一のリージョン（「1.2.4　リージョンとゾーン」を参照）で運用するもので、リージョンをまたぐ冗長性はありませんが、最もコストが低くなります。

図A-4　データの保存場所の選択

[4] 作成完了

バケットの作成が完了しました（**図A-5**）。

メニューの［ファイルをアップロード］や［ダウンロード］のメニューから操作することで、この
Cloud Storageバケットに、ファイルをアップロードしたりダウンロードしたりできます。

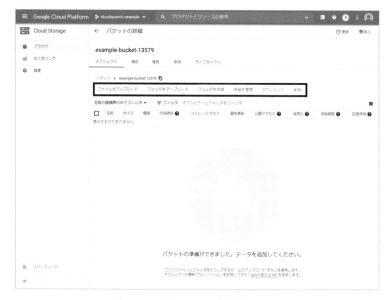

図A-5　バケットの作成が完了した

Column

コマンドでバケットを作成する

　Cloud Shellなどを用いて、gsutilコマンドを使った下記のコマンドを入力することでも、バケットを作成できます。

```
$ gsutil mb -l us-central1 -c regional gs://バケット名
```

著者プロフィール

日経クロステック

日経クロステック（xTECH）はIT、自動車、電子・機械、建築・土木など、さまざまな産業分野の技術者とビジネスリーダーに向けた技術系デジタルメディアです。「クロス」という言葉は、既存の技術／ビジネス／業界にとどまらない、新しい領域の動きをカバーするという想いを込めたものです。AI（人工知能）やIoT（Internet of Things）、自動運転、デジタルものづくり、建築物やクルマを変える新素材といった技術の最新動向と、法改正や新規参入者、新たなビジネスモデルなどによって引き起こされるビジネス変革の最前線をお伝えしています。

大澤 文孝 （おおさわ ふみたか）

テクニカル・ライター、プログラマ／システムエンジニア。専門はWebシステム。情報処理技術者（「情報セキュリティスペシャリスト」「ネットワークスペシャリスト」）。Webシステム、データベースシステムを中心とした記事を多数発表。作曲と電子工作も嗜む。
主な著書は次の通り。（共著）『さわって学ぶクラウドインフラ docker基礎からのコンテナ構築』（日経BP）、（共著）『Amazon Web Services 基礎からのネットワーク＆サーバー構築 改訂3版』（日経BP）、『ゼロからわかるAmazon Web Services超入門』（技術評論社）、『いちばんやさしい Python 入門教室』（ソーテック社）、『ちゃんと使える力を身につける Webとプログラミングのきほんのきほん』（マイナビ出版）、『Amazon Web Services ネットワーク入門』（インプレス）、『Python 10行プログラミング』（工学社）

ハンズオンで分かりやすく学べる
Google Cloud実践活用術
AI・機械学習編

2021年5月24日　第1版第1刷発行

著　　　者	日経クロステック、大澤 文孝	
発　行　者	吉田 琢也	
発　　　行	日経BP	
発　　　売	日経BPマーケティング	
	〒105-8308　東京都港区虎ノ門4-3-12	
装丁・制作	マップス	
編　　　集	松原 敦	
印刷・製本	図書印刷	

Printed in Japan
ISBN978-4-296-10689-9